U0504789

聚焦核心业务提升核心能力**系列教材**

架空输电线路材料
制造工艺及验收

中国南方电网有限责任公司超高压输电公司　编

中国电力出版社
CHINA ELECTRIC POWER PRESS

内 容 提 要

我国的架空输电线路架设在广阔的国土上,无论海拔还是规模都是世界之最。分布在野外的架空输电线路,要安全运行 30 ～ 60 年,要经受自然界各种极端条件和人为的外力破坏而不能失效,从设计—选材—施工—运维—退役,各个环节都不能出现失误。其中,选材是十分重要的环节,选择好的材料,不仅要综合性能指标好,还要做到价格合理,实现技术经济最优。因此,中国南方电网有限责任公司超高压输电公司组织最专业的技术人员,将架空输电线路主要材料的原料、工艺、检测和关键技术指标编写成《架空输电线路材料制造工艺及验收》一书。

本书共包含 8 章,分别为角钢塔,钢管组合塔、钢管杆,导线,地线,线路金具,盘形悬式瓷绝缘子,盘形悬式玻璃绝缘子和棒形悬式复合绝缘子。本书可作为从事输电线路工作一线员工的专业书籍,也可作为从事架空线路设计、施工和运维人员的参考用书。

图书在版编目(CIP)数据

架空输电线路材料制造工艺及验收 / 中国南方电网有限责任公司超高压输电公司编. -- 北京:中国电力出版社,2024. 10. -- ISBN 978-7-5198-8977-7

Ⅰ. TM205

中国国家版本馆 CIP 数据核字第 20245JU526 号

出版发行:中国电力出版社
地　　址:北京市东城区北京站西街 19 号(邮政编码 100005)
网　　址:http://www.cepp.sgcc.com.cn
责任编辑:高　芬　邓慧都
责任校对:黄　蓓　王小鹏
装帧设计:张俊霞
责任印制:石　雷

印　　刷:三河市万龙印装有限公司
版　　次:2024 年 10 月第一版
印　　次:2024 年 10 月北京第一次印刷
开　　本:710 毫米 ×1000 毫米　16 开本
印　　张:16.75
字　　数:277 千字
印　　数:0001—1500 册
定　　价:98.00 元

版 权 专 有　侵 权 必 究

本书如有印装质量问题,我社营销中心负责退换

本书编委会

主　　任	李庆江　叶煜明
副 主 任	潘　超　朱学文　王国利　任成林
委　　员	贺　智　李小平　付诗禧　冯　鹄　曹小拐　朱迎春

本书编写组

主　　编	叶煜明　任成林
副 主 编	黄　宇　楚金伟　周基华　樊长海　佘　亮
编写人员	舒礼臣　莫必雄　熊　丹　徐梦婕　徐自闲　郑武略
	王首魁　鲁　翔　刘峰林　马　俭　刘尧华　唐颖章
	侯　俊　周华敏　赵雪建　冯祝华　缪姚军　王文辉
	张培松　王　针　王　欢　于清波　邹德仕　李瑞华
	项　良　赵树平　刘　臻　陶有奎

序

当前，南方电网公司正处于建设世界一流企业的重要时期，部署了"九个强企"建设提升核心竞争力、增强核心功能，对直流输电的可靠性指标、运营能力、人才发展、技术创新、标准体系等核心要素提出了更高要求。作为南方区域西电东送的责任主体，随着新型电力系统及新型能源体系构建，迫切需要固底板、铸长板、补短板、扬优势，进一步提升直流核心竞争力，壮大竞争优势，支撑公司全面建成具有全球竞争力的世界一流跨区域输电企业。

人才作为"第一资源"，其培养工作是基础性、系统性、战略性工程。习近平总书记对实施新时代人才强国战略、加强和改进教育培训工作作出一系列重要论述、提出一系列明确要求，为行业和企业做好人才培养、打造一流产业工人队伍提供了根本遵循和行动指南。教材在建设人才强国中具有重要作用，党的二十大报告在科教兴国战略中指出要加强教材建设和管理。南网超高压公司坚持为党育人、为国育才，按照南方电网公司教育培训体系建设的统一部署，深入推动基层聚焦核心业务、提升核心能力建设工作，提升"三基"建设工作质量。以建设专业齐全、结构合理、阶段清晰的培训内容体系为目标，着力打造适应高质量发展要求的员工培训教材，帮助员工学习、掌握、研究核心业务与关键技术，加速提升员工履职能力、助力员工适岗成才，夯实公司建设世界一流企业的人才基础。

近年来，南网超高压公司立足新发展阶段，贯彻高质量发展要求，紧跟新型电力系统发展趋势，紧贴生产经营实际，根据超特高压直流输电核心技术、人才培养经验成效，基于员工对专业知识学习需要，综合考虑教材开发规模、专家队伍、专业发展等因素，采取了"统一框架、逐批开发、稳步成系列"的建设思路，围绕生产一线核心业务聚焦核心能力，今年我们首批出版开关检修类、无人机巡检类、输电材料制造工艺类三部教材，力争在2025

年实现公司级教材对一线核心业务的全覆盖。

系列教材的出版，对电网企业人才发展是一个积极的推动。不仅适合于各专业人员的教学和参考，而且适合于专业领域研究参考。当然，在本书内容的编撰中，有的地方还有待我们进一步推敲和优化，欢迎使用本系列教材的读者提出宝贵意见和建议，我们将持续完善。我相信，这套教材对员工个人学习成长将是非常有益的。在此，我感谢中国电力出版社和参编人员做出了这样一件有意义、有价值的工作。

2024 年 9 月

前 言

　　我国工农业生产和社会生活的用电量持续增长，要做绿色环保，实现"双碳"目标，保证输电线路安全运行是"重中之重"。我国的架空输电线路架设在广阔的国土上，无论海拔还是规模都是世界之最，无论高山峻岭、悬崖绝壁、天堑河谷还是城乡人口密集地区，都分布着架空输电线路，日晒雨淋是常态，狂风暴雨、冰天雪地、地震、水淹、山火、空气中的污秽时常来袭，更有现代化建设临近铁塔开挖、在塔上筑巢的鸟儿，都可能引起线路跳闸和受损。保证线路安全运行难度极高。

　　分布在野外的架空输电线路，要安全运行30～60年，要经受自然界各种极端条件和人为的外力破坏而不能失效，从设计—选材—施工—运维—退役，各个环节都不能出现失误。其中，选材是十分重要的环节，选择好的材料，不仅要综合性能指标好，还要做到价格合理，实现技术经济最优。架空输电线路的主要材料包括搭材、导地线、金具和绝缘子。

　　每一种材料原材料的选型、制造工艺都有较大的差距，其技术性能指标及其检测技术都对长期架空线路的安全运行和抗灾能力有极大的影响。因此，中国南方电网有限责任公司超高压输电公司组织最专业的技术人员，用简洁的语言，将架空输电线路主要材料的原料、工艺、检测和关键技术指标编成本教材，让从事输电线路工作的一线员工全面掌握线路基础材料的性能和原理，为架空线路设计、施工、运维提供理论基础。

　　全书共包含8章。第1～2章重点介绍角钢塔和钢管组合塔、钢管杆，包括生产准备（技术准备、放样和原材料）、制造工艺、包装及运输、检验和到货验收；第3～4章为导、地线，难点是对验收标准的理解，着重体现不同产品的差异化标准和缺陷处理；第5章为线路金具，金具产品种类繁多，涉及知识面广，几乎涵盖机械加工生产制造行业的所有常见工艺，包括铸、锻、焊、冲压、热处理、机加工等成形工艺；第6～8章重点介绍盘形悬式瓷绝缘子、盘形悬式玻璃绝缘子、棒形悬式复合绝缘子的制造环节，包括生产准备、制造工艺、包装及运输、检验和到货验收。

架空输电线路的材料涉及材料力学、结构力学、化学、电学、气象学等领域，内容十分广泛，受时间和篇幅及编者专业能力等因素限制，本书存在许多不足，敬请读者批评指正，并愿与读者深入交流，共同提高专业水平。

编者

2024 年 4 月

目 录

序

前言

章前导读 ··· 1

第1章　角钢塔 ··· 2

　1.1　生产准备 ·· 4

　1.2　制造工艺 ·· 10

　1.3　包装及运输 ··· 23

　1.4　检验 ·· 25

　1.5　到货验收 ·· 33

章前导读 ·· 35

第2章　钢管组合塔、钢管杆 ··························· 36

　2.1　生产准备 ·· 37

　2.2　制造工艺 ·· 40

　2.3　包装及运输 ··· 52

　2.4　检验 ·· 53

　2.5　到货验收 ·· 62

章前导读 ·· 65

第3章　导线 ··· 66

　3.1　生产准备 ·· 67

3.2 制造工艺 ……………………………………… 74

3.3 包装及运输 …………………………………… 80

3.4 检验 ……………………………………………… 83

3.5 到货验收 ……………………………………… 90

章前导读 ………………………………………………… **93**

第4章 地线 …………………………………………… **94**

4.1 生产准备 ……………………………………… 94

4.2 制造工艺 ……………………………………… 103

4.3 包装及运输 …………………………………… 117

4.4 检验及验收 …………………………………… 123

4.5 到货验收 ……………………………………… 129

章前导读 ………………………………………………… **133**

第5章 线路金具 …………………………………… **134**

5.1 生产准备 ……………………………………… 134

5.2 制造工艺 ……………………………………… 135

5.3 包装和运输 …………………………………… 152

5.4 检验及验收 …………………………………… 154

5.5 到货验收 ……………………………………… 159

章前导读 ………………………………………………… **162**

第6章 盘形悬式瓷绝缘子 …………………… **163**

6.1 生产准备 ……………………………………… 165

6.2 制造工艺 ……………………………………… 172

6.3 包装及运输 …………………………………… 182

6.4 检验 ……………………………………………… 185

6.5 到货验收 ……………………………………… 192

章前导读·· **196**

第 7 章　盘形悬式玻璃绝缘子 ································· **200**

7.1　生产准备　·· 200

7.2　生产制造工艺流程　··························· 209

7.3　包装及运输　··· 215

7.4　检验　·· 217

7.5　到货验收　·· 225

章前导读·· **229**

第 8 章　棒形悬式复合绝缘子 ································· **230**

8.1　生产准备　·· 230

8.2　制造工艺　·· 235

8.3　包装及运输　··· 238

8.4　检验　·· 242

8.5　到货验收　·· 250

章前导读

● 导读

　　铁塔是输电线路的重要设施，角钢塔是输电线路铁塔中的一种类型，其组成构件主要为角钢和钢板，构件材料一般采用 Q235、Q355、Q420 和 Q460 等。角钢塔按结构划分，亦分多种类型，本章从生产制造的角度出发，从生产准备、制造工艺、包装及运输、检验及到货验收等五个方面介绍角钢塔的相关内容。

● 重难点

　　（1）重点：介绍角钢塔的制造工艺，含①生产准备—技术准备、放样、原材料；②制造工艺—下料、制孔、标识、制弯、清根、铲背、装配、焊接、矫正、试组装、镀锌；③包装及运输—包装、运输；④检验—检验项目、检验标准、典型缺陷、缺陷处置；⑤到货验收：验收项目、验收标准。

　　（2）难点：在验收标准的理解，角钢塔的验收标准，体现在原材料、螺栓和制造技术等标准内容的理解和掌握。

重难点	包含内容	具体内容
重点	制造工艺	1. 生产准备 2. 制造工艺 3. 包装及运输 4. 检验 5. 到货验收
难点	检验	1. 输电线路铁塔制造技术条件（GB/T 2694） 2. 碳素结构钢（GB/T 700） 3. 低合金高强度结构钢（GB/T 1591） 4. 输电线路杆塔及电力金具用热浸镀锌螺栓与螺母（DL/T 284）

第1章 角 钢 塔

为实现承受某一空中载荷或通信功能而架设的独立式的钢结构物通称为铁塔，输电线路铁塔是用来支撑和架空导线、避雷线和其他附件的塔架结构，使导线与导线、导线与杆塔、导线与避雷线之间，导线对地面或交叉跨越物保持规定的安全距离的高耸式结构。

输电线路铁塔按照其所用型材的类型可分为角钢塔、钢管塔、钢管杆和水泥杆等，它们的结构特点是各种塔型均属空间桁架结构，其中角钢塔是指其主材及腹材主要采用角钢制作的铁塔。其杆件主要由单根等边角钢或组合角钢组成，材料一般使用Q235、Q355、Q420和Q460等，杆件间连接采用粗制螺栓，靠螺栓受剪力连接，整个塔由角钢、连接钢板和螺栓组成，局部采用少量的焊接件，基础座板一般都采用钢板焊接或插入角钢型式。塔上部件一般都采用热浸镀锌防腐。

角钢塔按其结构形式一般分为酒杯型（B）、猫头型（M）、上字型（S）、干字型（G）和鼓型（Gu）等，如图1-1所示，角钢塔结构图如图1-2所示。

图1-1　角钢塔

（a）酒杯型

（b）猫头型

（c）上字型

（d）鼓型

（e）干字型

图 1-2　角钢塔结构图

按照杆塔在输电线路中的用途，可分为直线塔、转角塔、换位塔（更换导线相位位置塔）、终端塔和跨越塔等，如图 1-3 所示。

直线塔：位于线路直线段的中间部分，由于绝缘子串是悬垂式故称悬垂式铁塔，用字母"Z"表示，如 SZ1。

转角塔：是承力塔的一种，转角塔设在输电线路的转角处。用字母"J"表示，如 SJ2。

终端塔：也是承力塔的一种，终端塔设立在线路的起、终端点处，用字母"D"表示，如 SDJ1。

换位塔：如果线路较长，转角角度较大而点位较多，为了限制电力系统中的不对称电流和电压，需要变换导线的相序（相位），处于导线相序变换位置处的铁塔称为换位塔。用字母"H"表示，如 SHJ。

跨越塔：是直线塔的一种特殊型，一般都是成对地设立在江、河的两岸或用来跨越较大的沟谷或跨越铁路、公路及其他级别的中小型电力线路，用字母"K"表示，如SKT。

　　（a）直线塔　　　　　　　　（b）转角塔　　　　　　　　（c）终端塔

　　　　（d）跨越塔　　　　　　　　　　　（e）换位塔

图1-3　角钢塔类型图

角钢塔按照导线回路数可分为单回路、双回路和多回路等。

1.1　生　产　准　备

　　输电线路角钢塔的加工制造主要是依据工程合同、设计图纸及相关技术标准要求组织生产，产品在加工制造前的生产准备工作主要有工程技术准备、设计图纸放样和原材料备料。

1.1.1　技术准备

　　技术准备工作主要是全面了解掌握工程的加工技术和产品质量等相关要

求，组织开展工程前期的技术质量策划工作，指导车间按照正确的技术和质量标准要求进行生产加工的过程，主要工作内容如下：

（1）工程设计图纸审核：检查图纸塔型、数量、审核图纸详细结构，与设计人员沟通解决图纸问题，编制技术审图意见，为图纸放样工作提供技术指导和支持。

（2）梳理工程技术协议、工程交底纪要、加工说明、技术标准和设计变更等技术资料，编制加工技术交底资料，指导车间制造加工。

1.1.2　放样

放样是指将设计院设计的铁塔施工图（结构图）通过计算机三维软件分解成铁塔加工企业可以加工使用的角钢图、连接板大样图、其他特殊零件图及加工清单等的过程，如图 1-4 所示。

图 1-4　放样

1．作业准备

（1）图纸初审。依据生产任务通知单、设计交底要求、材料代用、设计变更通知单、设计图纸中加工说明等技术文件进行熟悉图纸，领会设计意图，进行全塔总体初审。

（2）在图纸审核过程中发现的设计缺陷或疑问，应及时与图纸设计单位取得联系，落实和澄清。

2．放样技术要求

（1）角钢零件图应填写相应的加工信息。

（2）可根据实际工序需求，角钢零件图应标注切角、开合角、铲背、清根、压扁、制弯、焊接等图样和尺寸要求。

（3）样板输出比例为1：1，要求尺寸准确，字迹清楚，按照规定书写标记。

1.1.3　原材料

原材料备料主要是依据工程设计图纸，统计工程所需的原材料清单，然后根据工程技术规范和相关标准要求组织开展原材料的采购和入厂检验工作。

输电线路角钢塔生产制造过程中涉及的原材料主要包括钢材、紧固件、焊接材料和锌锭等。

1．钢材

角钢塔加工使用的钢材主要包括角钢、钢板、圆钢、扁铁和钢管等。

（1）角钢是一种两边成直角的长条状钢材，有等边角钢和不等边角钢两种，其中等边角钢是指两肢边宽度相同的角钢，如图1-5所示。

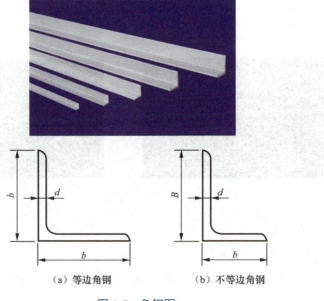

（a）等边角钢　　　　　　　　（b）不等边角钢

图1-5　角钢图

（2）角钢是角钢塔的主要材料之一，主要用于塔头、横担、塔身及塔腿等部位，具有强度高、刚性好、韧性好等特点。目前角钢塔中使用的角钢材质主要有 Q235、Q355、Q420 和 Q460 等，质量等级为 B、C 和 D 等。

（3）钢板是用钢水浇注，冷却后压制而成的平板状钢材。钢板按照厚度分为薄钢板（小于 4mm）、中厚钢板（4～60mm）和特厚钢板（60～115mm）。钢板按照轧制分为热轧和冷轧，其中角钢塔中使用的一般为热轧钢板。角钢塔中钢板主要用于塔身各节点连接处、塔脚板等部位，其通过螺栓与角钢等其他构件安装连接。

（4）角钢塔制造过程中使用的钢材规格和等级应按照设计图纸要求选用，其各项质量指标应符合标准的规定，且应具有出厂质量合格证明书，并经检验合格后使用，钢材的取样批次、数量应满足相关标准的要求，进口钢材的质量应符合设计和合同的规定。

2．紧固件

紧固件是作紧固连接用且应用极为广泛的一类机械零件。电力铁塔螺栓主要分为高强度螺栓、普通螺栓等。

（1）高强度螺栓是等级为 8.8 级及以上高强度的紧固件，通常用于电力铁塔的承受重载和抗震能力要求较高的部位。它的材料一般为 40Cr、35CrMo 等高强度合金钢，具有高强度、高硬度、高耐磨性和抗腐蚀性等优点。

（2）普通螺栓是电力铁塔上常见的一种螺栓，广泛应用于电力铁塔的各个部位。它的材料一般为 45 号、35 号等低碳钢，具有强度较低、韧性好、易于加工的特点。

（3）铁塔使用的紧固件规格、等级级防腐形式应按照设计文件要求选用。紧固件的镀锌层厚度应符合 GB/T 13912 的规定。

3．焊接材料

焊接材料是指焊接时所消耗材料的通称，例如焊条、焊丝、焊剂、保护气体等。焊接行业发展迅速，主要分为 CO_2 焊接、氩弧焊焊、埋弧焊、电渣焊、激光焊接等。

（1）焊条。焊条就是涂有药皮的供电弧焊使用的熔化电极。它是由药皮和焊芯两部分组成。

1）焊芯：焊条中被药皮包覆的金属芯称为焊芯。焊芯一般是一根具有一定长度及直径的钢丝。焊接时，焊芯有两个作用：一是传导焊接电流，产生

1.2 制 造 工 艺

输电线路角钢塔制造过程主要包括下料、制孔、标识、制弯、清根铲背、装配、焊接、试组装和镀锌等工艺过程，其制造工艺流程见图1-6。

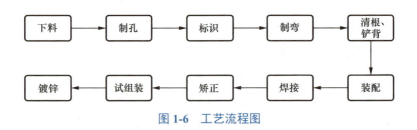

图 1-6 工艺流程图

1.2.1 下料

下料是加工人员根据加工图或样板的平面尺寸要求，将材料切断成最小零件单元，切断一般分为冲剪、锯割、气割（火焰切割）、等离子切割、激光切割等。

1. 作业准备

（1）下料操作人员应熟悉零件加工图，严格按下料工艺要求进行下料。

（2）下料设备主要有下料机、角钢生产线、剪板机、带锯床、型钢剪断机、数控火焰切割机、等离子切割机、激光切割机等，设备要运行正常。

火焰切割下料和激光切割下料如图1-7和图1-8所示。

图 1-7 火焰切割下料

图 1-8 激光切割下料

2．加工工艺过程

（1）零件下料前，首先根据单件图、样板及材料表与原材料进行核对，确认无误后方可下料。在下料过程中，如发现钢材表面有缺陷，应退回仓库，严禁使用不合格原材料。

（2）角钢下料。角钢一般采用冲床、角钢自动冲孔线、角钢自动钻孔线或锯床等方式下料。

（3）钢板下料。根据钢板的材质、形状、厚度，合理选择剪切、热切割（氧—乙炔切割、等离子切割、激光切割）等工艺下料。采用剪切工艺下料时，允许剪切的最大厚度及剪切最低环境温度须满足工程加工技术要求。

3．技术要求

（1）操作人员须将不同规格、不同材质的材料严格分区、分垛摆放，做好标识，不可混放。下料完成的半成品和剩余料也须如此。

（2）多个编号零件使用同一规格的材料时，必须进行排料处理，合理控制废料范围。

（3）下料过程中，在分断材料之前，应在剩余材料上做好材料标识的移植。

1.2.2 制孔

制孔就是加工人员根据零件加工图纸上的孔径、孔距等尺寸要求，在零件单元上制孔的过程。制孔一般分为机械冲孔、机械钻孔和数控割孔三种，分别如图 1-9～图 1-11 所示。

图 1-9 机械冲孔

图 1-10 机械钻孔

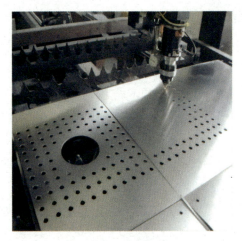

图 1-11　数控割孔

1. 作业准备

（1）制孔前操作人员须对原材料的规格、材质及数量进行检验。

（2）制孔设备一般为角钢冲、钻孔生产线，板材冲、钻孔生产线，激光切割机和钻床等。设备运行正常。

2. 加工工艺过程

（1）钻孔。

1）根据孔径选择相应的钻头，适当的转速和进给量。

2）钻孔时不准有钻不透、漏孔、孔边缘毛刺过大等现象，不准自行将错孔用焊条堵孔。

（2）冲孔。根据孔径及材料厚度选择冲头、模圈，按要求安装模具，注意上下模间隙均匀。

（3）热切割制孔。根据工程要求选择进行热切割制孔方式（火焰、激光），工程不允许时禁止采用热切割制孔方式。

3. 技术要求。

（1）依据放样图及工程有关文件要求进行制孔。在各工程中，除设计文件或图纸注明孔的制作方法外，Q235 构件厚度＞16mm，Q355 构件厚度＞14mm，Q420 构件厚度＞12mm，Q460 所有厚度及所有导地线的挂线孔采用钻制，其余均采用冲孔。

（2）加工时应严格控制制孔工艺，禁止出现错孔、漏孔。一般不允许采用焊接补孔。

1.2.3　标识

标识是指按照角钢塔各类工件的编号采用钢字码将编号压印到工件上的加工过程。钢字码和工件编号如图 1-12 和图 1-13 所示。

图 1-12　钢字码

图 1-13　工件编号

1．作业准备

（1）操作人员按图纸或样板标明钢印号将材料有序摆放在设备旁。

（2）标识设备主要有压印机、刻字机等。将所需钢印模及字码准备齐全。

2．加工工艺过程

（1）压印前，检查每个钢字码是否残缺、磨损，存在缺陷的钢字码应及时更换。

（2）根据压印工件件号选用相应钢字码。

（3）首件试打，对照工件件号检查标识内容，确认无误后进行批量压印。

3．技术要求

（1）工件标识一般按照企业标识、工程代码（必要时）、塔型、零件号、钢材材质代号的顺序进行排列压印。

（2）标识的钢印应排列整齐，字体高度一般为 8～18mm，钢印深度一般为 0.5～1.0mm，镀锌后应清晰可辨。

（3）钢印可采用单排和多排型式。

1.2.4　制弯

制弯是指将平直的板材或角钢等弯曲成需要的形状。一般分为冷加工和热加工两种方式。

1．作业准备

（1）操作人员检查零件是否与零件图、样板资料一致。

（2）制弯设备主要有折弯机、油压机等，设备运行正常。测量工具准备齐全。

2．加工工艺过程

（1）钢板制弯。

1）首先确认零件上钢印号与样板一致，在零件上画出制弯线。

2）采用液压机进行制弯，完成后使用角度卡板检测角度，达到制弯角度并标记成型位置，便于批量压制。

3）钢板需要热弯时，制弯线区域使用高频加热装置，使用红外测温仪确认加热温度。

（2）角钢制弯。

1）角钢制弯一般根据弯形角度、弯形方向等分为不开豁口和开豁口制弯两种方式。

2）不开豁口制弯时将角钢放在专用模具上，缓慢压制，多次检查角度，直到零件制弯角度与零件图资料一致为止。

3）角钢开豁口制弯前，在开豁口处划线后进行切割，切割端面必须打坡口。然后将角钢放在专用模具上进行制弯。

3．技术要求

（1）热曲钢板使用高频、中频加热方式加热，严禁使用不均匀加热方式烘烤制弯。

（2）工件豁口制弯豁口处须填充材料时，该材料材质和厚度必须与制弯件相同。

（3）豁口处焊接时焊缝质量等级不低于二级。

（4）工件制弯裂纹不允许补焊修理。

1.2.5 清根、铲背

清根是指为保证角钢连接紧密而将外包角钢根部弧形刨掉成直角。铲背是指为保证角钢连接紧密而将内贴角钢背棱角部分铲为光滑圆弧形。清根、铲背图如图1-14所示。

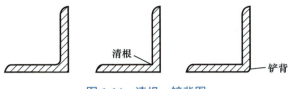

图 1-14 清根、铲背图

1．作业准备

（1）所用清根机、铲背机等设备完好。

（2）所需工、量、器具齐全完好。

2．加工工艺过程

（1）操作人员根据工件的规格，按照清根、铲背的规定输入合适的工作参数。

（2）在加工不同规格和肢厚的角钢时，相同规格的角钢加工完成后才能加工下一种规格的角钢，禁止不同规格的角钢混合加工。

（3）角钢铲背应以样板检查圆弧角度，两侧棱角刨削均匀，最大间隙不应大于 0.6 毫米。

1.2.6 装配

装配是作业人员根据组焊件材料表和焊板工艺卡片或焊件加工图，采用电焊机以点焊形式将各相关零件单元装配成一个组件的过程。焊接件组装图如图 1-15 所示。

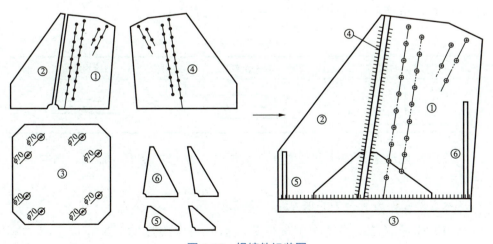

图 1-15 焊接件组装图

1．作业准备

（1）装配焊接操作人员须持有相应焊接上岗证书，辅助人员需熟悉装配操作相关要求。

（2）核对组焊件材料表及工艺要求、检查组焊零件与工艺卡片是否相符。

（3）根据装配构件的材质选取匹配的焊接材料。

2．加工工艺过程

（1）按照组焊图或组焊样板等工艺文件，取用相关的零部件，按照具体装配位置进行定位组对。

（2）组装塔脚板时，按照样板在塔脚底板上划出靴板、加强筋的位置。然后选取相应靴板、加强筋进行定位、点焊。

（3）十字组焊板、变坡组焊件等与角钢连接的组焊件装配时，要求采用角钢胎模具进行定位点焊，每个接触面定位销不得少于 2 只，且进行拧紧。

3．技术要求

（1）装配前，零部件应经检验合格，焊缝坡口及边缘每边 30～50mm 内的铁锈、毛刺、油污等影响焊接质量的表面缺陷应清除干净。

（2）为控制焊接变形，对焊接组件必须采取反变形措施。

1.2.7 焊接

焊接是焊接人员根据施焊件的焊接各项工艺要求，采取电焊机对焊接件进行焊接，铁塔加工常采用手工电弧焊和手工气体保护焊两种，焊接接头形式一般为 T 型、搭接和对接三种形式。接头形式见表 1-1。

表 1-1　　　　　　　　　　　焊接接头形式表

T 型示意图	搭接示意图	对接示意图

按焊件接缝所处的空间位置可分为平焊、立焊、横焊、仰焊。如图 1-16 所示。

按焊接操作方式分为船形焊法、叠焊法。

（1）船形焊法：将待焊工件放置成船形角度施焊的一种焊接方法（见图 1-17）。这种方式所焊接的焊缝成形美观，且生产效率高，施焊时应尽可能将焊件放成船形位置进行焊接。

（2）叠焊法：即多层多道焊法。指当焊脚大于 12mm 时采用的焊接方法，根据焊脚尺寸的大小来确定焊接层数与道数（见图 1-18）。

平焊　　　　　立焊　　　　　横焊　　　　　仰焊

图 1-16　平焊、立焊、横焊、仰焊示意图

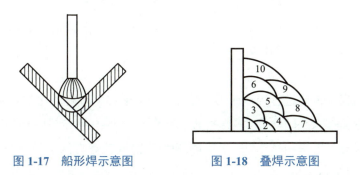

图 1-17　船形焊示意图　　　图 1-18　叠焊示意图

1．作业准备

（1）焊接工艺评定。对首次采用的钢材、焊接材料、焊接方法、预热、后处理等，应按照 GB 50661 的规定进行焊接工艺评定，要求评定项目能够覆盖工程的产品结构焊接项目范围。

（2）人员要求。

1）焊接人员必须经过焊接培训和考核，并持有相应焊接上岗证书，否则不得上岗。

2）焊接人员在其考试合格项目认可的等级范围内施焊，低等级不得覆盖高等级的。

（3）焊接设备要求及检测工具。

1）焊接设备为交流电焊机、直流电焊机、气体保护电焊机。

2）测量量具为焊缝检验规、放大镜、超声波探伤仪（焊缝内在缺陷）、射线探伤仪（焊缝内在缺陷）、表面渗透和磁粉等。

2．加工工艺过程

（1）塔脚类焊接件焊接工艺。

1）组合塔脚的焊接方法为船形焊法，焊法应以左向右焊法为宜。

2）所有封口焊圆滑过渡，不允许出现漏焊，造成后期流"黄水"。

3）焊接完毕后，对工件进行敲渣、返修焊接缺陷，彻底清扫工件上的残留药皮和飞溅，并打磨好焊缝接头处的突起部分及焊瘤。

（2）变坡板焊接工艺。

1）检查点焊点和刚性固定焊缝是否有裂纹，有裂纹退回拼装工序重新拼装，无裂纹就加强点焊点；

2）焊接完毕后，对工件进行敲渣、返修焊接缺陷，彻底清扫工件上的残留药皮和飞溅，并打磨好焊缝接头处的突起部分及焊瘤。

（3）焊接完毕后，焊接人员必须认真自检，对于未满焊、围焊、弧坑、气孔及漏焊点必须进行补焊。

（4）焊后消除应力处理。

1）当焊件需要进行焊后应力消除处理时，应根据母材的化学成分、焊接类型、厚度和焊接接头的拘束度及结构的使用条件等因素，确定焊后消除应力措施。

2）焊缝一般采用锤击法、振动法和焊后热处理等方法消除应力。

（5）焊接返工。

1）焊接返工的质量控制应和正式焊接作业的质量控制相同。

2）焊缝同一部位的返工次数不宜超过两次。

3．技术要求

（1）焊接件的施焊范围不应超出焊接工艺评定的覆盖范围。

（2）施焊现场条件应达到焊接环境要求。

（3）当焊接工艺评定或设计文件有预热、焊后热处理要求时，应按规定进行预热、焊后热处理。

（4）不应在焊缝间隙内嵌入金属材料。

（5）为保证工件在镀锌后不流黄，所有焊接组件必须全封闭焊接。

1.2.8　矫正

矫正是加工人员根据技术要求，对直线度、平面度及几何尺寸超标的零件进行矫正，矫正一般分为冷矫正和加热矫正二种。矫正的种类：角钢或其他型钢原材料直线度矫正、钢板的平面度矫正、角钢开合角后直线度矫正、塔脚等焊接部件的直角度和平面度矫正。

1．作业准备

矫正设备主要有油压机、校正机等，其应满足零件加工精度要求。

2．加工工艺过程

（1）角钢采用校直机校正，钢板采用油压机校平，特殊组合件采用专用工装校正。当无法使用机械设备矫正半成品部件时，可采用火焰烘烤的方式，但矫正时要求严格按规定操作，严禁过烧，防止部件局部凸起或塌陷。

（2）冷矫正环境温度 Q235 钢不低于 −10℃，Q355 钢不低于 −5℃，Q420 钢不低于 0℃。

（3）热矫正应采用中性火焰加热，加热温度不应超过 900℃。加热矫正后应自然冷却。在低温环境（0℃以下）进行热矫正时，加热部位应采取缓冷措施。

3．技术要求

（1）工件经一次热矫正后仍未达到要求，不允许在原位置进行重复加热。

（2）镀锌件的矫正应采取措施防止锌层受到破坏，由于矫正工件产生的锌层脱落，外表伤痕，工件变形等应视情况返镀锌或废品。

（3）结构焊接产生的变形弯曲要在镀锌前进行矫正。焊接构件镀锌后需进行检查，由于镀锌产生的变形应进行矫正。

（4）矫正后的零部件不准出现表面裂纹，不应有明显的凹面和损伤。

1.2.9　试组装

试组装是指为检验部件是否满足安装质量要求，将加工完成的零部件按照铁塔总图的结构形式进行安装的过程，如图 1-19 所示。

图 1-19　铁塔试组装图

1．作业准备

（1）各种机具、工具准备齐全，检查所使用的起重设备和工器具是否完好。

（2）根据待装塔的试装要求选择合适组装场地。

（3）将待装塔的塔材转入选定的试组装场地，并放置在适当的位置，不同类型的塔材分开放置，所有工件必须摆放在相应工装上并且摆放整齐。

2．加工工艺过程

（1）现场试组装负责人首先熟悉图纸和试组装方案，根据铁塔外形尺寸合理布置场地。

（2）将待装塔塔材按照分段、分类进行现场摆放，方便组装取用。

（3）试组装以段为序，一般按图纸从塔头部分向下依次组装。

（4）试装完成后，应对铁塔各个主要控制尺寸进行测量，验收合格并填写试组装检验记录，待所有缺陷修改完成后才允许拆卸。

（5）拆卸按照以上相反程序作业。

3．技术要求

（1）试组装宜采用卧式或立式，组装前应制订试组装方案，包括安全措施、质量控制办法等。

（2）当分段组装时，一次组装的段数不少于三段，分段部位应保证有连接段组装，且保证每个部件号均经过试组装。

（3）试组装的所有零部件必须是经质检检验后的合格产品，严禁使用未经检验和未加工完成的半成品部件进行试组装。

（4）铁塔试组装时各零部件均应按施工图要求进行就位，并按部件编号进行装配。试组装时各构件应处于自由状态，零部件就位率必须达到100%，不得强行组装。

（5）试组装所用螺栓必须是符合标准规定的螺栓规格，应与实际所用的螺栓规格相同，严禁用小螺栓代替大螺栓。

（6）对于有更改的零、部件应重新组装。

1.2.10　镀锌

热浸镀锌是把被镀件浸入熔融的锌液体中使其表面形成锌铁金属合金层的过程。塔材热镀锌先将零部件进行酸洗，去除零部件表面的氧化铁，酸洗后通过氯化铵和氯化锌混合水溶液槽中进行清洗，然后送入热浸锌槽中。热镀锌具有镀层均匀，附着力强，使用寿命长等优点。

热浸镀锌的主要工艺流程见图 1-20。

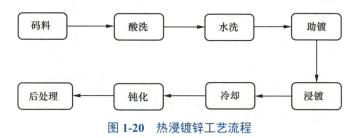

图 1-20　热浸镀锌工艺流程

1．作业准备

（1）待镀工件按生产计划就绪。

（2）准备充分的工装夹具，镀锌及相关设备设施处于正常使用状态。

2．加工工艺过程

（1）码料。按照待镀件规格、种类等将被镀件吊挂在镀锌专用吊具上，然后进入酸洗池进行酸洗处理。

（2）酸洗。除去待镀件表面铁的氧化物（铁锈）以防止因铁的氧化物存在，阻止钢基体与锌反应造成漏镀缺陷，为待镀件获得完好的镀锌层做准备。

（3）水洗。经酸洗后，待镀件表面附有大量的铁盐、酸液及其他残余污物，为更好的助镀及镀锌，需进行水洗。

（4）助镀。使待镀件在浸镀前，表面黏附一层盐膜，并保持待镀件具有一定活性。同时，避免镀件的再次氧化，以增强镀层与基体结合。

（5）热浸镀锌。将经过前处理的工件浸入熔融的锌浴中，在其表面形成锌和（或）铁 - 锌合金镀层的过程，如图 1-21 所示。

1）不同镀件，应选择合适的镀锌温度。镀锌温度主要为 430～445℃。

2）浸锌时间：工件浸入锌浴后，前 1～2min 铁与锌液之间反应迅速进行，形成铁锌合金层之后，反应将逐渐减小。以镀件浸入锌液"沸腾"现象停止为浸锌时间结束的标志。在确保浸锌质量前提下，尽可能缩短浸锌时间。

3）锌浴成分：锌浴中锌的含量应不低于 98.5%。热浸镀锌时锌锭含杂质越少，镀层质量越好，故选用锌锭标准为 0# 锌锭。

4）镀锌操作。

图 1-21 浸锌

a.镀件一般采用倾斜角度浸入锌液。

b.镀件在锌锅中可作纵向和横向轻微摆动，应避免大幅度提动，且不要使锌液剧烈震动。工件出锅时应打锌灰的同时出锅，这样有利工件光洁平整。

c.镀件在提出锌锅前，镀件表面的多余锌液应随其自然流入锌锅，并用工具清除镀件底端的滴瘤，避免锌瘤的产生。

（6）冷却。镀件经过热浸镀锌后，为便于对镀件进行处理的同时阻止锌铁合金化，需对镀件进行冷却处理。采用两种方式对镀件进行冷却，即使用风机吹风冷却（空冷）和水浴中浸泡冷却（水冷）。

（7）钝化。

1）钝化主要作用是提高工件表面抗大气腐蚀性能，减少或延缓白锈出现，保持镀层具有良好的外观。

2）将冷却后的工件浸入钝化液中一定时间，使工件表面形成钝化保护膜。

（8）卸料。卸镀件必须在吊架上支撑后进行，严禁无支撑卸料。卸料后，清除镀件表面残渣与滴瘤。

（9）后处理。后处理主要处理工件表面存在积锌、锌瘤、漏镀等缺陷，保证工件锌层质量满足要求。

3．技术要求

（1）热浸镀锌所用的锌锭质量等级不应低于 GB/T 470 中牌号 Zn99.95。

（2）热浸镀锌完成后，应观察构件的变形，否则，应通过机械方法进行冷矫正。

（3）不允许对热镀锌后的构件进行再切割或开孔、焊接加工。

（4）构件镀锌附着量和锌层厚度应满足工程和 GB/T 2694 的要求。对镀锌、运输和安装过程中少量损坏部位，可采用富锌涂料修复。单个修复面积应小于或等于 10cm^2，修复总面积不大于每个镀件总表面积的 0.5%。若漏镀面积较大时，应返镀。

1.3　包 装 及 运 输

角钢塔的包装与运输首先满足工程合同要求，合同无要求时应符合 GB/T 2694 的规定。

1.3.1　包装

（1）铁塔成品的包装、发运应以签订的合同要求的内容为依据，若合同无特殊要求，则一般按照单基包装分捆、发运到站办理。

（2）铁塔成品包装应按照易于装车、卸车及运输的原则执行。包装应牢固，保证在运输和装卸过程中包捆不松动。外形应美观，尺寸及重量应适宜。

（3）铁塔成品包装形式一般分为：角钢包装、连板包装、塔脚和焊接件包装、螺栓包装等。

（4）角钢包装（见图 1-22）。

1）角钢包捆可采用角钢或槽钢与长杆螺栓组成的卡具（框架包装），也可采用钢带捆扎形式，包装物应做防腐处理且包装卡具或钢带不得与角钢件直接接触，避免破坏镀锌层。

图 1-22　角钢包装

2）角钢捆应端部整齐，层次分明，厚薄基本一致。角钢捆的包装长度、捆扎道数及重量应便于包装、运输和标识。

（5）连板、塔脚和焊接件包装（见图1-23）。

1）连板包装宜采用长螺栓穿连紧固的办法，并设置起吊点。

2）塔脚可用镀锌铁丝捆扎成一起，塔脚平放稳妥即可，按单基到站包装。

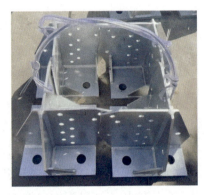

图1-23 连板、塔脚和焊接件包装

（6）螺栓包装（见图1-24）。螺栓应采用包装袋或圆桶等按照单基数量包装，包装袋内不同规格螺栓应分开独立包装。每袋螺栓重量根据包装袋的承重能力，一般不超过2～3t。

图1-24 螺栓包装

（7）标记。

1）铁塔包装主要采用喷字方法进行标记。标记除应满足合同要求和运输部门的规定外，还应在包捆的明显位置做标记，内容应包括工程名称、塔型、呼称高度、杆塔号（桩号）、包捆号、生产厂家名称、捆重等字样，若同一工程有 2 个及以上标段，还应喷上标段号。

2）标记应在包捆易见处，不准任意涂改或漏字。字迹工整清晰，字体颜色统一，尺寸统一，位置统一。

（8）储存。

1）铁塔成品储存应注意装卸和放置场所，不得损坏包装使产品变形或镀锌层受到破坏。

2）入库的包捆应按照指定位置码垛、堆放整齐。较长、较重的耐压塔料捆应放置在下面。

1.3.2　运输

（1）在装车前必须检查所有包捆是否有松动，若包捆有松动的需重新紧固后才能装车。

（2）装车人员应将较长、较重的耐压塔料捆放置在下面，怕弯、怕压的塔料捆放置在上面，层与层之间采用道木衬垫，角钢塔料捆上下层之间的支撑点应在同一垂线上。

（3）运输中应注意装卸方法，不能损坏包装或使产品变形、损坏等。运输塔料中的凸出部分，在装卸车和运输时应将其妥善固定，以免发生碰撞变形或磨损镀锌层。

（4）产品运输应具有发货明细表、产品合格证一并交予收货单位收货人。

（5）产品运输应按交通部门的规章办理。

1.4　检　　验

1.4.1　检验项目

1．出厂检验

（1）合格证。铁塔产品出厂前应检查和验收并签发产品合格证。

（2）检验内容。检验项目包括：钢材质量、零部件尺寸、锌层质量、焊接件装配质量、焊缝质量和试组装。

（3）检验要求及方法。

1）检验人员。产品检验人员应经过专门的基本理论和操作技能培训考试合格，并持证上岗。

2）无损探伤人员。从事焊缝无损探伤工作的相关人员应由国家授权的专业考核机构考试合格，其相应等级证书在有效期内，并按考核合格项目及权限从事无损检测和审核工作。

3）检验设备及量具。检验设备及量具的精度或测量范围应满足 GB/T 2694 的要求，经过计量检定（校准）合格，并在有效期内使用。

4）检验方法。零部件尺寸检测：零部件尺寸用钢卷尺、钢板尺、角度尺、卡尺等检测。角钢开合角的检测，测量位置在角钢边宽度中心，开合角在内侧测量，合角在外侧测量。

焊接件焊缝质量检测：焊缝外部质量用放大镜和焊缝检验尺检测。焊缝内部质量检测宜采用超声波探伤的方法检测，当超声波探伤不能对缺陷做出判断时，采用射线探伤方法检测。

镀锌层质量检测：外观检测用目测。镀锌层均匀性用硫酸铜试验方法检测；附着性用落锤试验方法检测；镀锌层厚度用金属涂层仪测试方法检测；发生争议时以溶解称重试验方法测试镀锌层附着量作为仲裁试验方法。

试组装质量检测：部件就位情况用目测，同心孔通孔率用比螺栓公称直径大 0.3mm 的试孔器检测，其他尺寸用钢卷尺检测。

钢材外形尺寸检测：角钢边宽度和厚度用游标卡尺检测。

（4）抽样方案及判定原则。

1）抽样原则。无特殊要求情况下，采用 GB/T 2828.1 一般检验水平。

钢材质量、零部件尺寸质量、焊接件及焊缝质量等项目的抽样方案：660kV 及以下电压等级的铁塔产品采用 GB/T 2828.1 正常检验一次抽样方案；750kV 及以上电压等级的铁塔产品采用 GB/T 2828.1 加严检验一次抽样方案。

锌层和试组装质量采用 GB/T 2829 判断水平 I 的一次抽样方案。

2）检验批。检验批可由几个投产批或投产批的一部分组成。出厂检验批根据实际情况确定，需方验收检验批应根据供需双方合同约定。

3）质量特性的划分。产品检验项目按质量特性的重要程度分为 A 类和 B 类，其质量特性划分情况见表 1-2。

表 1-2　　　　　　　　　　　　检验项目及质量特性划分

项目名称		不合格分类		合格标准（%）
		A 类	B 类	
钢材外观			√	
钢材外形尺寸			√	
钢材材质		√		
零部件尺寸	主材		√	≥95
	接头件		√	≥95
	连板		√	≥90
	腹材		√	≥85
	焊接件		√	≥95
焊缝外观			√	≥95
焊缝外形尺寸			√	≥95
焊缝内部质量		√		
锌层外观			√	
锌层厚度			√	
锌层附着性		√		
锌层均匀性		√		
试装同心孔率			√	≥99
试装部件就位率			√	100
试装主要控制尺寸		√		

注　表中"√"表示为该项目的分类。

4）质量水平。检验项目质量水平（合格/不合格）按表 1-3 选用。

表 1-3　　　　　　　　　　质量水平（合格/不合格）选用表

检测项目	钢材质量			零部件尺寸					焊缝质量			试组装			锌层质量			
	外观	外形尺寸	材质	主材	接头件	连板	腹板	焊接件	外观	外形尺寸	内部质量	同心孔率	就位率	主控尺寸	外观	厚度	均匀性	附着性
检验水平	Ⅰ		Ⅱ	Ⅱ		Ⅰ		Ⅱ	Ⅱ									
接收质量限 AQL	0.40			4.0		4.0		2.5	0.65									
不合格质量水平 RQL												1.0			1.0			

5）零部件项次。零部件项次按表 1-4 规定。

表 1-4　　　　　　　　　　零部件项次规定

零部件类型	项目											
	下料长度	切断面垂直度	端距	挠曲	角钢端部垂直度	孔形	孔位	制弯	清根（铲背）	切角（切肢）	标识	焊缝
角钢（件）	1	2	2	1	2	以孔计数	以孔计数	以制弯处计数	以处计数	以头计数	2	以 200mm 为一个项次
钢板（件）	2	以边计数	4	1							2	

6）判定原则。

a．零部件判定原则，当受检零部件出现下列情况之一时，应判定为不合格：

a）项次合格率低于规定值；

b）钢材质量不合格或与设计要求不符合；

c）接头处孔相反；50% 及以上孔准距超标；

d）过酸洗严重，接头孔被酸腐蚀超标；

e）加工工艺与本标准或设计要求不符合；

f）由于放样错误，造成零部件尺寸超标；

g）焊接件中部件尺寸与焊缝有一方面不合格则焊接件不合格；

h）控制尺寸与图纸不符所涉及的相关性。

b．综合判定原则：A 类项有一项不合格，产品应判定为不合格；B 类项有一项不小于拒收数（Re），产品判定为不合格。

2．型式试验

（1）实验要求。

1）工程新设计塔型一般需要进行真型试验，试验塔高度为最高呼高加最长腿。直线塔加载至破坏，耐张塔加载至100%。依据标准为 IEC 60652、DL/T 899。

2）试验塔一般由设计单位进行组织，试验塔制造厂家配合实施。

3）试验载荷为包含载荷系数的极限载荷。

（2）材料测试。试验塔构件应进行拉伸和弯曲试验。

（3）报告。试验报告应包括如下内容：

1）所有塔的完整报告和构件材料测试报告。

2）测力仪和仪表的校准。

3）试验组装的清晰照片。

4）自然缺陷。

5）图表显示加载在塔上的每个时间间隔的挠度。

6）详图显示所有的加载方式和偏差记录。

1.4.2　检验标准

（1）《计数抽样检验程序 第 1 部分：按接收质量限（AQL）检索的逐批检验抽样计划》（GB/T 2828.1）。

（2）《输电线路铁塔制造技术条件》（GB/T 2694）。

（3）《碳素结构钢》（GB/T 700）。

（4）《低合金高强度结构钢》（GB/T 1591）。

（5）《紧固件机械性能螺栓螺钉和螺柱》（GB/T 3098.1）。

（6）《输电线路杆塔及电力金具用热浸镀锌螺栓与螺母》（DL/T 284）。

1.4.3　典型缺陷

角钢塔在加工制造过程中一般存在地脚螺栓孔径错误、板材制弯错误、脚钉布置错误、工件孔径孔位尺寸错误、漏孔、多孔、锌层不合格和包装少料等典型缺陷，见表 1-5。

表 1-5　　　　　　　　　　　　　典型缺陷表

序号	缺陷描述	原因分析	示意图	判定依据
1	塔脚板地脚螺栓孔径、孔距尺寸错误，无法安装	（1）设计图纸塔脚板孔径、尺寸错误； （2）未按照设计图纸尺寸放样和加工		设计图纸和 GB/T 2694

序号	缺陷描述	原因分析	示意图	判定依据
2	挂线板、火曲板制弯方向反或度数错误	（1）放样图纸制弯标注错误； （2）加工错误		设计图纸和GB/T 2694
3	角钢塔主材脚钉布置错误	放样人员未正确理解工程脚钉技术要求，布置错误		设计图纸
4	挂线点孔径错、间距错误	（1）放样图纸标注错误； （2）加工错误		设计图纸和GB/T 2694
5	原材料外观质量不合格，规格材质使用错误	（1）原材料质量缺陷； （2）加工前未仔细检查核对原材料外观质量和规格尺寸等		GB/T 2694
6	工件孔径、间距、准距尺寸等错误	（1）放样图纸标注错误； （2）加工错误		设计图纸和GB/T 2694
7	工件漏孔、多孔	（1）放样图纸标注错误； （2）加工错误； （3）设备故障导致		设计图纸和GB/T 2694
8	角钢工件漏切角、切角尺寸错	（1）放样图纸未标注切角； （2）加工漏切角、切角尺寸加工错误		设计图纸和GB/T 2694

续表

序号	缺陷描述	原因分析	示意图	判定依据
9	组焊件角度错、尺寸位置错	加工人员识图错误		设计图纸
10	镀锌漏镀、过打磨，导致构件锈蚀	（1）焊接件未封口、封口不佳；（2）工件表面酸洗不到位，镀锌时间短；（3）打磨处理过度		设计图纸和 GB/T 2694
11	构件锌层厚度不够	（1）镀锌温度低或高，镀锌时间不够；（2）构件表面油污等未清理干净，酸洗不到位		GB/T 2694
12	包装多料、少料，影响现场安装	（1）包装清单数量错误；（2）包装时未仔细清点工件件号及数量	—	GB/T 2694

1.4.4 缺陷处置

角钢塔典型缺陷处理方法见表1-6。

表 1-6 角钢塔典型缺陷处理

序号	缺陷描述	处置措施	预防措施
1	塔脚板地脚螺栓孔孔径、孔距尺寸错误，无法安装	（1）孔径小的扩孔处理；（2）孔径大的报废重新加工	（1）规范放样流程，放样时仔细核对塔脚尺寸，确保放样尺寸正确；（2）加工过程中做好自检、专检工作
2	挂线板、火曲板制弯方向反或度数错误	（1）按照正确角度进行火曲修复处理；（2）无法修复的报废重新加工	（1）放样前仔细查看挂点板制弯要求，按照图纸要求进行放样；（2）严格按照放样图纸进行制弯加工，并做好自检和专检工作
3	角钢塔主材脚钉布置错误	报废重新加工	（1）梳理工程图纸和相关技术要求，明确工程铁塔脚钉布置要求，按要求布置脚钉；（2）放样完成后审核人员做好铁塔挂点、脚钉和塔脚等关键部位的审核工作，确保脚钉布置正确

序号	缺陷描述	处置措施	预防措施
4	挂线点孔径错、间距错误	（1）按照正确孔径进行修复处理； （2）无法修复的报废重新加工	（1）放样前仔细查看图纸和技术要求，按照图纸要求进行放样； （2）严格按照放样图纸进行制孔加工，并做好自检和专检工作
5	原材料外观质量不合格、规格材质使用错误	报废重新加工	（1）原材料入厂时做好外观尺寸和理化试验等检查； （2）加工前仔细核对原材料规格尺寸和外观质量，合格后才能加工
6	工件孔径、间距、准距尺寸等错误	（1）按照正确图纸进行修复处理； （2）无法修复的报废重新加工	（1）放样前仔细查看图纸尺寸，按照图纸尺寸进行放样； （2）严格按照放样图纸进行制孔加工，并做好自检和专检工作
7	工件漏孔、多孔	（1）漏孔的按照图纸进行补制孔处理； （2）多孔的报废重新加工	（1）仔细查看图纸，按照图纸进行放样； （2）严格按照放样图纸进行制孔加工，并做好自检和专检工作； （3）做好设备的点检和保养，消除设备故障
8	角钢工件漏切角、切角尺寸错	（1）切角处理； （2）报废重新加工	（1）放样时仔细查看工件干涉碰撞情况，防止角钢漏标切角； （2）做好转序工件的标识，下道工序对需要切角的工件做好记录，防止出现漏切角的情况
9	组焊件角度错、尺寸位置错	（1）返修处理； （2）报废重新加工	（1）采用工装装配，避免错情发生； （2）做好产品自检和互检工作； （3）对人员进行技能培训，提高人员加工能力
10	镀锌漏镀、过打磨，导致构件锈蚀	（1）清理表面黄水，封堵后喷锌处理； （2）漏镀处打磨喷锌处理或返镀处理	（1）加强焊接工序的焊缝质量控制，确保焊缝封闭； （2）酸洗前做好黑铁件的表面质量检查，检查焊缝封口、气孔等情况，发现问题进行返修处理； （3）构件表面的油污等清理干净； （4）控制打磨力度，避免过度打磨，打磨后及时喷锌修复
11	构件锌层厚度不够	（1）喷锌修复； （2）重新镀锌	（1）镀锌前检查构件的酸洗效果，不符合要求的重新酸洗； （2）严格按照镀锌工艺参数进行镀锌操作

序号	缺陷描述	处置措施	预防措施
12	包装多料、少料，影响现场安装	（1）包装多料时，取回多料； （2）少料时增补所缺工件	（1）认真编制包装清单，并与图纸及加工清单核对； （2）按件号打包，每一个件号打包完后，应与包装清单核对数量，确认无误后，方可对下一个件号打包； （3）做好开包抽检工作

1.5　到　货　验　收

1.5.1　验收项目

1．现场到货检验

现场检验是中标方完成交货和招标方完成验收的过程，现场检验的要求为：监理单位、施工单位和中标方共同派人按选定的检查方案对产品开包检验，检验包括外观检查及数量清点。

2．现场质量检测项目

铁塔产品安装前，业主方组织对供货到现场的铁塔产品进行抽样检测：

（1）铁塔材料。

1）核查钢材材质报告（化学成分、拉伸试验、冲击试验）。

2）抽查检测塔材镀锌侧厚度、镀锌层附着性、焊接质量进行质量抽检。

（2）紧固件。结合螺栓现场抽检相关条款核对紧固件质量检测项目：

1）核查紧固件镀锌层均匀性检测报告。

2）抽查检测紧固件标识、螺栓楔负载、螺母保证载荷、镀锌层厚度、镀锌层附着性。

3）技术监督抽检螺栓楔负载、螺母保证载荷。

3．其他验收

考虑到铁塔与金具的配合安装，必要时在铁塔组装前将铁塔挂点部位现场组装后与挂点金具进行连接安装，确保配合无误。

1.5.2　验收标准

（1）《计数抽样检验程序 第1部分：按接收质量限（AQL）检索的逐批检验

抽样计划》（GB/T 2828.1）。

（2）《输电线路铁塔制造技术条件》（GB/T 2694）。

（3）《碳素结构钢》（GB/T 700）。

（4）《低合金高强度结构钢》（GB/T 1591）。

（5）《紧固件机械性能螺栓螺钉和螺柱》（GB/T 3098.1）。

（6）《输电线路杆塔及电力金具用热浸镀锌螺栓与螺母》（DL/T 284）。

章后导练

基础演练

1. 什么是输电线路铁塔？按照型材类型可分为哪几种？

2. 角钢塔生产准备包含哪些内容？

3. 角钢塔制孔工艺一般分为哪几种方式？

4. 工件标识钢印深度一般要求为？

5. 热浸镀锌的主要工艺流程为？

提高演练

1. 角钢塔的制造工艺主要包含哪些流程？

2. 角钢塔出厂检验的检验内容包含哪些？

3. 简述角钢塔的抽样原则？

4. 角钢塔到货验收的内容及验收标准为？

案例分享

角钢塔具有强度高、制造方便的优点，广泛应用于输电线路交流和直流工程。角钢塔按高度可以分为低、中、高三个类型。低塔一般高度在30m以下，中塔一般高度为30～70m，高塔一般高度在70m以上。不同高度的角钢塔适用于不同的输电线路和地形条件。低塔由于高度较低，一般适用于城市、农村等短距离输电线路和地形条件较为平坦的地区。中塔和高塔则适用于长距离输电线路和地形条件较为复杂的地区，例如山区、跨江跨河等地区。

章前导读

● **导读**

钢管组合塔和钢管杆与角钢塔类似，也是输电线路铁塔的两种类型，其结构主要由钢管和法兰等组成。本章从生产制造的角度出发，从生产准备、制造工艺、包装及运输、检验及到货验收等五个方面介绍钢管组合塔和钢管杆的相关内容。

● **重难点**

（1）重点：介绍钢管组合塔和钢管杆的制造工艺，含①生产准备—技术准备、放样、原材料；②制造工艺—下料、制孔、标识、制弯、清根、铲背、装配、焊接、矫正、试组装、镀锌；③包装及运输—包装、运输；④检验—检验项目、检验标准、典型缺陷、缺陷处置；⑤到货验收：验收项目、验收标准。

（2）难点：在验收标准的理解，钢管组合塔和钢管杆的验收标准，体现在原材料、螺栓和制造技术等标准内容的理解和掌握。

重难点	包含内容	具体内容
重点	制造工艺	1. 生产准备 2. 制造工艺 3. 包装及运输 4. 检验 5. 到货验收
难点	检验	1. 输变电钢管结构制造技术条件（DL/T 646） 2. 碳素结构钢（GB/T 700） 3. 低合金高强度结构钢（GB/T 1591） 4. 输电线路杆塔及电力金具用热浸镀锌螺栓与螺母（DL/T 284）

第 2 章　钢管组合塔、钢管杆

钢管塔是指主要部件用钢管，其他部件用钢管、型钢和法兰等组成的格构式塔架，是架空输电线路来支持导线和避雷线的支持结构。使导线对地面、地物满足限距要求，并能承受导线、避雷线及本身的荷载及外荷载。

钢管塔杆件主要由钢管和法兰组成，材料一般使用 Q235、Q355、Q420 和 Q460 等，杆件间连接采用粗制螺栓，靠螺栓受剪力连接，基础座板一般都采用钢管焊接法兰型式。塔上部件一般都采用热浸镀锌防腐，如图 2-1 所示。

钢管杆是由多边形钢管、圆形钢管等钢材制成，用于支撑和传输电力线缆的结构，是传统水泥杆的替代产品。

钢管杆具有强度高、重量轻、占地省、安装方便等优点，在城市及郊区等地方广泛使用。钢管杆主要用于 220kV 及以下各种电压等级的线路中，如图 2-2 所示。

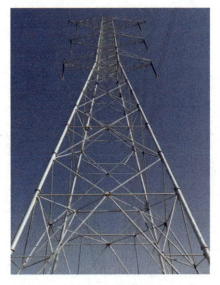

图 2-1　钢管塔

图 2-2　钢管杆

钢管杆杆身的连接方式一般采用法兰或者插接的连接方式。

2.1　生　产　准　备

输电线路钢管塔、钢管杆在加工制造前的生产准备工作主要有工程技术准备、设计图纸放样和原材料备料。

2.1.1　技术准备

技术准备工作主要是全面了解掌握工程的加工技术和产品质量等相关要求，组织开展工程前期的技术质量策划工作，指导车间按照正确的技术和质量标准要求进行生产加工的过程，主要工作内容如下：

（1）工程设计图纸审核：检查图纸塔型、数量、审核图纸详细结构，与设计人员沟通解决图纸问题，编制技术审图意见，为图纸放样工作提供技术指导和支持。

（2）梳理工程技术协议、工程交底纪要、加工说明、技术标准和设计变更等技术资料，编制加工技术交底资料，指导车间制造加工。

2.1.2　放样

放样是指将设计院设计的铁塔施工图（结构图）通过计算机三维软件分解成铁塔加工企业可以加工使用的单件图、样板、组焊图及加工清单等的过程。

（1）作业准备。

1）依据设计交底要求、设计变更通知单、设计图纸中加工说明等技术文件进行图纸审核。

2）在图纸审核过程中发现的设计缺陷或疑问，及时与图纸设计单位取得联系，落实和澄清。

（2）放样过程。

1）根据工程设计图纸严格按通用的制图要求进行放样绘图，要求粗细线、实线、点划线等线种分明，相位关系表示清楚，图面布局合理。

2）所制作的单件图、组焊图、样板等，须签上个人姓名或加盖姓名章。

3）新塔加工完成后，所有的单件图、组焊图、样板等均应保留一份，在确定文件无误后，由资料整理人员，按照要求统一格式、规范进行整理后存入资料室。

（3）技术要求。

1）应根据设计图纸及加工工艺进行放样。

2）放样时，应在合理的部位开设流锌孔和过焊孔，不宜在主要承载构件上开设镀锌通气孔或流锌孔。开设镀锌通气孔、流锌孔、过焊孔，均应征得设计单位同意。

3）爬梯、走道等附属设施与塔体连接时，螺栓孔可采用长条孔。

2.1.3 原材料

原材料备料主要是依据工程设计图纸，统计工程所需的原材料清单，然后根据工程技术规范和相关标准要求组织开展原材料的采购和入厂检验工作。

输电线路钢管塔、钢管杆生产制造过程中涉及的原材料主要包括钢材、紧固件、焊接材料和锌锭等。

（1）钢材。钢管塔和钢管杆加工使用的钢材主要包括钢管、法兰、钢板、角钢、圆钢、槽钢和扁铁等。

1）钢管。钢管是具有空心截面，其长度远大于直径或周长的钢材。按截面形状分为圆形、方形、矩形和异形钢管。按生产工艺分为无缝钢管和焊接钢管。输电线路钢管塔中主要使用无缝钢管、直缝焊接钢管等，如图2-3所示。

图2-3　钢管

钢管用钢材应采用电炉或转炉冶炼，必要时加炉外精炼，并且以热轧状态交货，若采用控轧状态的钢材，须经用户同意并进行相应焊接方法的工艺评定。钢材质量应符合标准及用户的要求，具有质量证明书。钢管制造企业应按照证明书的内容进行验收，并经复检合格后，方可使用。

2）法兰。输电线路钢管塔、钢管杆用法兰形式分为带颈法兰和平面法兰，如图 2-4 和图 2-5 所示。

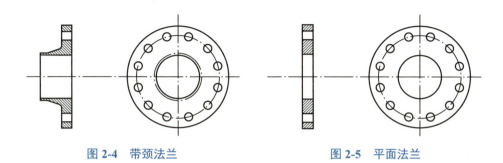

图 2-4 带颈法兰   图 2-5 平面法兰

采用锻造工艺制作的法兰应满足以下要求。

锻造法兰应按设计文件要求的规格和等级选用，质量指标应符合本文件及技术协议的要求，应具有出厂质量合格证明书，并经抽检合格后使用。

锻件宜以正火加回火状态交货。

3）钢板。钢板是用钢水浇筑，冷却后压制而成的平板状钢材。钢板按照厚度分为薄钢板（小于4mm）、中厚钢板（4～60mm）和特厚钢板（60～115mm）。钢板按照轧制分为热轧和冷轧，其中角钢塔中使用的一般为热轧钢板。

4）角钢。角钢是一种两边成直角的长条状钢材，有等边角钢和不等边角钢两种，其中等边角钢是指两肢边宽度相同的角钢。

目前角钢塔中使用的角钢材质主要有 Q235、Q355、Q420 和 Q460 等，质量等级为 B、C 和 D 等。

钢管塔、钢管杆制造过程中使用的钢材应按照设计图纸和合同要求选用，质量指标应符合标准规定，且应具有出厂质量合格证明书，并经检验合格后使用。

钢材应进行可追溯性标记，在制造过程中，如原有溯标记被分割，应于材料分割前完成标记的移植。

热轧钢板和钢带的尺寸、外形、重量及允许偏差，当设计或合同无特殊要求时，应符合 GB/T 709 的 N 类偏差要求。

（2）紧固件。详见 1.1.3 中有关"紧固件"的介绍。

（3）焊接材料。详见 1.1.3 中"焊接材料"介绍。

（4）锌锭。详见 1.1.3 中"锌锭"介绍。

（5）理化检验。详见 1.1.3 中"理化检验"介绍。

（6）材料入库储存、标识。详见 1.1.3 中"材料入库储存、标识"介绍。

（7）可追溯性。详见 1.1.3 中"可追溯性"介绍。

2.2 制 造 工 艺

输电线路钢管塔、钢管杆的加工过程主要包括下料、制管、制孔、标识、制弯开槽、装配、焊接、试组装和镀锌等工艺过程，具体制造工艺流程见图 2-6。

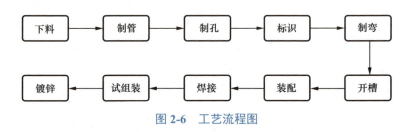

图 2-6　工艺流程图

2.2.1　下料

下料是加工人员根据加工图、样板或加工清单的尺寸要求，将材料切割成最小零件单元的过程，切割一般分为冲剪、锯割、气割（火焰切割）、等离子切割和激光切割等。

（1）作业准备。

1）下料操作人员应熟悉零件加工图，严格按下料工艺要求进行下料。

2）下料设备主要有钢管定长切割机、带锯床、数控火焰/等离子切割机、激光切割机、轨道切割机、冲床等，设备运行正常，满足零件加工精度要求。

（2）加工工艺过程。零件下料前，操作人员首先根据单件图、样板及材料表与原材料进行核对，确认无误后方可下料。

1）钢管下料。

a. 钢管下料设备一般采用钢管定长切割机、锯床等。

b. 钢管首件下料完成后，须检验钢管零件的长度，无误后，进行批量生产。

2）钢板下料。

a. 钢板零件根据钢板的材质、形状、厚度，合理选择剪切、热切割（氧-乙炔切割、等离子切割、激光切割）等工艺下料。

b. 环形板、变坡连接板等异形件下料，宜优先采用数控切割机加工。

3）角钢零件与其他型钢零件的下料。角钢一般采用冲床、角钢自动冲孔线、角钢自动钻孔线或锯床等方式下料。圆钢、槽钢等型材一般采用冲床或锯床方式下料，槽钢也可利用专用下料冲孔模具一次加工成型。

（3）技术要求。

1）操作人员须将不同规格、不同材质的材料严格分区、分垛摆放，做好标识，不可混放。

2）多个编号零件使用同一规格的材料时，必须进行排料处理，合理控制废料范围。

2.2.2　制管

制管是指采用折弯机、埋弧焊机等设备将钢板轧制、焊接成圆形或棱形钢管的过程。其主要加工工艺流程见图 2-7。

图 2-7　工艺流程图

（1）作业准备。

1）制管操作人员熟悉零件加工图，严格按制管工艺要求进行加工。

2）制管设备主要有数控火焰 / 等离子切割机、轨道切割机、折弯机、合缝机、埋弧焊机、油压机等。设备运行正常，满足零件加工精度要求。

（2）加工工艺过程。

1）折管。

a. 根据折弯板厚度和钢管类型选用合适模具。

b. 调整设备折弯角度，进行首件试折，压制完毕，检查折弯角度，合格后方可进行后续加工。

2）合缝。

a. 选择相应的合缝模具。

b．将钢管纵缝向上，调节设备使钢管缝隙合到合适的间隙，间隙的控制根据板厚和焊缝等级要求。

c．调节合格后，用气保焊在钢管合缝处点焊牢固，焊缝长度控制在50mm 左右，高度应不超过钢板厚度。

d．对钢管件进行外观检查，符合质量要求进入下道工序。

3）焊接。

a．焊接时应遵守焊接工艺要求，根据不同的板厚，选择适中的电流施焊。

b．调整焊件位置，对于多层多道焊前一道检查无缺陷后，再进行下一层施焊。

4）钢管焊接完成后，如存在变形弯曲的情况，需要对钢管进行矫正，矫正一般采用油压机进行。

（3）技术要求。

1）钢板折弯后管的内外表面应光滑，其边缘应圆滑过渡，表面不得有损伤、褶皱和凹面，表面修磨后的实际厚度应满足钢管厚度负偏差的要求。

2）直缝埋弧焊时在两直缝端应预先设置引弧板和熄弧板，厚度同工件厚度，应与钢管点焊牢固，焊接完毕采用气割切除引弧板和熄弧板，并修磨平整，不得用锤击落。

2.2.3 制孔

制孔就是加工人员根据零件加工图纸上的孔径、孔距等尺寸要求，在零件单元上制孔的过程。制孔一般采用机械冲孔、机械钻孔和数控割孔三种方式。

（1）作业准备。

1）熟悉加工设备的安全操作及维护规程，了解制孔加工工艺及技术规范要求。

2）制孔设备主要有冲孔机、角钢冲孔／钻孔生产线、数控液压冲孔机、平面钻床、摇臂钻床、数控火焰切割机和激光切割机等，设备运行正常。

（2）加工工艺过程。

1）钻孔。

a．根据孔径选择相应的钻头，适当的转速和进给量。

b．钻孔时不准有钻不透、漏孔、孔边缘毛刺过大等现象。

2）冲孔。根据孔径及材料厚度选择冲头、模圈，按要求安装模具，注意上下模间隙均匀。

3）热切割制孔。根据工程要求选择进行热切割制孔方式（火焰、激光），工程不允许时禁止采用热切割制孔方式。

（3）技术要求。

1）依据放样图及工程有关文件要求进行制孔。在各工程中，除设计文件或图纸注明孔的制作方法外，Q235 构件厚度＞16mm，Q355 构件厚度＞14mm，Q420 构件厚度＞12mm，Q460 所有厚度及所有导地线的挂线孔采用钻制，其余均采用冲孔。

2）加工时应严格控制制孔工艺，禁止出现错孔、漏孔。一般不允许采用焊接补孔。

2.2.4 标识

标识是指按照工件的编号采用钢字码将编号压印到工件上的加工过程。

（1）作业准备。

1）操作人员按图纸或样板标明钢印号将材料有序摆放在设备旁。

2）标识设备主要有压印机、刻字机等。将所需钢印模及字码准备齐全。

（2）加工工艺过程。

1）压印前，检查每个钢字码是否残缺、磨损，存在缺陷的钢字码应及时更换。

2）根据压印工件件号选用相应钢字码。

3）首件试打，对照工件件号检查标识内容，确认无误后进行批量压印。

（3）技术要求。

1）工件标识一般按照企业标识、工程代码（必要时）、塔型、零件号、钢材材质代号的顺序进行排列压印。

2）标识的钢印应排列整齐，字体高度一般为 8～18mm，钢印深度一般为0.5～1.0mm，镀锌后应清晰可辨。

3）钢印可采用单排和多排型式。

2.2.5 制弯

制弯是指将平直的板材、角钢或钢管等弯曲成需要的形状。一般分为冷加工和热加工两种方式。钢管制弯如图 2-8 所示。

（1）作业准备。

1）加工人员熟悉零件图及图纸规定的工艺方法。

2）制弯设备主要有折弯机、油压机等。设备运行完好，安装，调整好模具和设备。

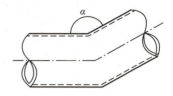

图 2-8　钢管制弯

（2）加工工艺过程。

1）工件制弯前，应审核零件图，明确弯形方向和技术要求。

2）钢板制弯。

a. 首先确认零件上钢印号与样板一致，画出制弯线。

b. 上刀板对准制弯线，缓慢下压，完成后使用角度卡板检测角度，达到制弯角度并标记成型位置，便于批量压制。

3）角钢制弯。

a. 角钢制弯一般根据弯形角度、弯形方向等分为不开豁口和开豁口制弯两种方式。

b. 不开豁口制弯时将角钢放在专用模具上，缓慢压制，多次检查角度，直到零件制弯角度与零件图资料一致为止。

c. 角钢开豁口制弯前，在开豁口处划线后进行切割，切割端面必须打坡口。然后将角钢放在专用模具上进行制弯。

4）钢管制弯。

a. 按照加工图纸在钢管制弯处进行划线标识，然后将工件放置在油压机上，选用合适的制弯模具进行弯形。

b. 钢管制弯后，制弯处应进行无损探伤检测，不得出现裂纹或分层。

（3）技术要求。

1）热曲钢板使用高频、中频加热方式加热，严禁使用不均匀加热方式烘烤制弯。

2）工件豁口制弯豁口处须填充材料时，该材料材质和厚度必须与制弯件相同。

3）豁口处焊接时焊缝质量等级不低于二级。

4）钢管塔 U 型插板、C 型插板的弯曲宜采用热弯工艺。

2.2.6　开槽

开槽是指将钢管端头切割出长条形缺口的加工过程。开槽一般分为一字形槽和十字形槽，如图 2-9 和图 2-10 所示。

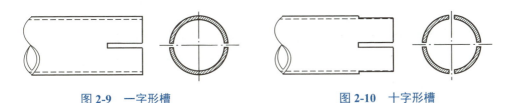

图 2-9　一字形槽　　　　　　　　　　　　图 2-10　十字形槽

（1）技术准备。

1）操作人员熟悉开槽加工工艺及技术质量要求。

2）开槽设备主要有开槽机、数控相贯线切割机等，开槽设备应满足零件加工精度要求。

（2）加工工艺过程。

1）调整设备，根据工件图输入开槽长度、宽度、开槽数量等相关参数。

2）启动设备，进行切割开槽。一处开槽完毕，割炬旋转一定角度，进行下一处切割开槽。

（3）技术要求。钢管开槽应避开钢管纵向焊缝。切割面应平直，避免根部过切割。

2.2.7　装配

装配是作业人员根据组焊件材料表、焊板工艺卡片和焊件加工图，采用电焊机以点焊形式将各相关零件单元装配成一个组件的过程，钢管法兰装配如图 2-11 所示。

图 2-11　钢管法兰装配

（1）作业准备。核对组焊件材料表及工艺要求、检查组焊零件规格、孔距尺寸是否符合零件加工图纸要求、实物钢印号与工艺卡片是否相符、相关焊板是否按要求制备坡口。

（2）加工工艺过程。

1）钢管塔 C 形插板装配。

a. 根据构件图中所标注的尺寸，选取相应的胎板，并固定至胎架上。

b. 根据构件图中所标注的尺寸，在导轨上调整固定两端的胎架，尺寸确认无误后再进行组装。

c. 调整钢管和 C 形板的位置，保证钢管到 C 形插板两侧距离相同，检验无误后进行定位焊。

2）钢管塔法兰装配。

a. 直缝焊管法兰装配一般采用法兰组对机进行装配。

b. 启动调整法兰组对机滑胎按钮，根据轨道固定刻度使组装胎具整体调整。

c. 吊装法兰盘，注意两端法兰盘的向心或塔面方向统一，使法兰盘和胎爪完全贴合。

d. 钢管吊上滚轮架放置，放好后检测纵缝位置是否符合图纸要求，纵缝调整合格后缓缓前进另一端法兰胎，保证两端钢管与法兰颈间隙相等。

e. 直缝焊管法兰装配完成后，对尺寸进行确认，待尺寸符合要求后，方可移至下道工序加工。

3）连接板、环板装配。

a. 根据构件图将已焊接完法兰的钢管构件吊运至装配工位，准备好连接板。

b. 根据构件图连接板的尺寸位置，在钢管上标记连接板孔中垂直于连板组装边的垂线。

c. 根据两端法兰位置，通过弹线、样板进行标记移植，将法兰上标记点转移到钢管外壁上靠近法兰侧，做好标记。

d. 将连板对齐钢管外壁上调出的连板孔位置点。

e. 连接板装配完成后，根据连接板的位置确定环板的装配位置，同时确保环板对接处平齐，不得出现错边现象。

（3）技术要求。

1）构件宜采用专用的装配设备或工装、模具进行装配。

2）焊接件装配时，应根据焊接工艺要求控制其装配间隙，避免间隙过大或过小。任何情况下，不应在焊接件装配间隙或坡口内嵌入填塞物焊接。

3）装配定位焊必须由持证焊工施焊。点焊用的焊接材料，应与正式施焊用的材料相同。

4）装配定位焊时严禁在母材上打火、引弧。

5）定位焊完毕后应清除焊缝表面焊渣，方便后续的焊接工序。

2.2.8　焊接

焊接是焊接人员根据施焊件的焊接各项工艺要求，采取电焊机对焊接件进行焊接，钢管塔、钢管杆等加工常采用手工电弧焊、气体保护焊、氩弧焊和埋弧焊等，焊接接头形式一般为 T 形、搭接和对接三种形式。

（1）作业准备。

1）焊接工艺评定。对首次采用的钢材、焊接材料、焊接方法、预热、后处理等，应按照 GB 50661 的规定进行焊接工艺评定，要求评定项目能够覆盖工程的产品结构焊接项目范围。

2）人员要求。

a．焊接人员必须经过焊接培训和考核，并持有相应焊接上岗证书，否则不得上岗。

b．焊接人员在其考试合格项目认可的等级范围内施焊，低等级不得覆盖高等级的。

3）焊接设备要求及检测工具。焊接设备有交流电焊机、直流电焊机、气体保护电焊机。焊接设备应符合相关规定要求。

（2）加工工艺过程。

1）钢管塔 C 形插板焊接焊接工艺。

a．插板纵焊缝要进行船型位置焊接。

b．先焊插板与钢管内壁的焊缝，焊接从里侧起弧，到外侧端头止弧。再接着焊接插板与钢管外壁的焊缝。

2）钢管塔十字插板焊接。

a．十字插板与钢管拼装前，先将十字插板焊缝焊接完成。

b．十字插板先焊插板与钢管内壁的焊缝，焊接从里侧起弧，到外侧端头止弧。再接着焊接插板与钢管外壁的焊缝。

3）钢管塔带颈法兰焊接工艺。直缝焊管一带颈法兰焊接可采用氩弧焊、气体保护焊、埋弧焊或其组合焊工艺，应结合焊工、焊接设备、焊件规格进行选择。

a．氩弧焊工艺。氩弧焊一般采用单面焊双面成形工艺。焊接过程中注意焊枪是否对准焊缝中心，若有偏离，应及时调节。

b．气保焊工艺。气体保护焊一般采用双面焊工艺。

内焊缝焊接时，先用内枪焊接环焊缝内焊缝，两端同时施焊，内环缝焊接完成后，进行外焊缝焊接，法兰直管焊机两端同时施焊。内、外焊缝一般均采用多层多道焊接，盖面焊采用摆动焊焊接，以保证盖面焊的成型质量。

c．埋弧焊工艺。埋弧焊一般采用双面焊工艺。

内焊焊接采用两台内焊埋弧焊接同时对钢管两端的对接环缝进行焊接。内焊完成后转入进行气刨，将坡口打磨光滑，露出金属光泽，坡口形状打磨为U形。

外环焊缝使用自动埋弧焊小车配合焊接平台进行焊接，严格按产品焊接工艺要求进行焊接。多层焊时，必须将上一层的焊渣清理干净后，再进行下一层的焊接。

4）钢管塔、钢管杆平板法兰焊接工艺。

a．平板法兰焊接顺序为先内后外。

b．使用气保焊焊接法兰与钢管第一层内焊缝，再焊接第一层外焊缝，采用对称焊接法原理逐步完成整条焊缝。

c．钢管与法兰主搭接环缝焊接完成并检查合格后，主要保证主焊缝完整，再按拼装图尺寸装配筋板，筋板需切角避免与主焊缝交错重叠。

d．最后焊接一圈的筋板，保证所有焊缝全封闭，封口处圆滑过渡。

5）钢管塔、钢管杆钢管连接板焊接工艺。

a．调整钢管角度，使其达到"船形"焊缝位置。

b．单面坡口的连接板先焊有坡口一侧，再焊接另一侧；双面坡口的连接板先焊任意一侧，再焊接另外一侧，应采用对称焊接，减少构件变形。

6）钢管塔、钢管杆附件焊接。

a．附件焊接前焊接人员应仔细核对实物，发现问题及时退回上工序进行核实并返修。

b. 爬梯安装附件拼装点焊位置和钢管纵焊缝一致，布置在结构断面对角线外侧方向，保证在相同坡度的塔段内上下主管爬梯处在同一垂直平面内。

c. 圆钢焊接采用顺次焊接，先焊圆钢，一律围焊，一面焊接完毕后，翻转工件 180°，焊接另一面，最后顺次焊接连板。

（3）技术要求。

1）施焊现场条件应达到焊接环境要求。

2）不应在焊缝间隙内嵌入金属材料。

3）宜采用调整焊接工艺参数的方法控制焊接变形，也可采用反变形、刚性固定等方法控制焊接变形，对于双面焊的 T 形接头，一侧焊接完成后，应对另一侧定位焊点进行检查，确认无裂纹后方可进行该侧焊缝的焊接。

4）影响热浸镀锌质量的焊缝缺陷应在镀锌前进行修磨或补焊，且补焊的焊缝应与原焊缝间保持圆滑过渡。

2.2.9　试组装

试组装是指为检验部件是否满足安装质量要求，将加工完成的零部件按照铁塔总图的结构形式进行安装的过程。钢管塔和钢管杆试组装一般采用卧式试组装。

（1）作业准备。

1）各种机具、工具准备齐全，检查所使用的起重设备和工器具是否完好。

2）根据待装塔的试装要求选择合适组装场地。

3）将待装塔的塔材转入选定的试组装场地，并放置在适当的位置，不同类型的塔材分开放置，所有工件必须摆放在相应工装上并且摆放整齐。

（2）加工工艺过程。

1）钢管塔组装过程。

a. 现场试组装负责人首先熟悉图纸和试组装方案。

b. 将待装塔塔材按照分段、分类进行现场摆放，方便组装取用。

c. 试组装以段为序，一般按图纸从塔头部分向下依次组装。

d. 塔身组装顺序为底面 – 横隔面 – 侧面 – 顶面。横担组装按从塔身到外侧的顺序将横担的底面和侧面、隔面、上面依次组装好。横担上的配套走道、配套平台等也按图纸配合组装完成。

e. 拆卸按照以上相反程序作业，首先拆卸上平面，然后侧面和底面。

2）钢管杆组装过程。

a．钢管杆的组装顺序是先杆身后附件，即杆身—横担—爬梯。

b．杆身的组装顺序是由下到上，试组装人员将第一节钢管摆放在垫木上，爬梯基座朝上摆正、放平，并且支撑牢固。根据图纸依次吊装上面各节钢管，将其与前一节钢管对接好，法兰处穿上螺栓并拧紧，所有钢管必须支撑牢固。组装完成后各节钢管上爬梯基座应在一条直线上。

c．根据图纸将各个横担装到相应的基座上。

d．根据图纸将各节爬梯依次连接到杆身上的爬梯基座上。

3）钢管塔和钢管杆试装完成后，应对铁塔各个主要控制尺寸进行测量，验收合格并填写试组装检验记录，待所有缺陷修改完成后才允许拆卸。

（3）技术要求。

1）应按合同技术规范要求对钢管塔进行试组装，合同无要求时，一般按塔型，对首基塔进行试组装。

2）试组装采用立式试组装或卧式试组装方式。试组装前须制定试组装方案，包括安全措施、质量控制项目等。

3）当分组多段组装时，一次组装的段数不应少于三段，分段组装应保证有连接段并至少有一个横隔面，且保证每个构件都经过试组装。

4）试组装时各构件应处于自由状态，不得强行组装。

5）试组装所用螺栓规格应和实际所用螺栓相同。

2.2.10 镀锌

热浸镀锌是把被镀件浸入熔融的锌液体中使其表面形成锌铁金属合金层的过程。塔材热镀锌先将零部件进行酸洗，去除零部件表面的氧化铁，酸洗后通过氯化铵和氯化锌混合水溶液槽中进行清洗，然后送入热浸锌槽中。热镀锌具有镀层均匀，附着力强，使用寿命长等优点。

（1）作业准备。

1）待镀工件按生产计划就绪。

2）准备充分的工装夹具，镀锌及相关设备设施处于正常使用状态。

（2）加工工艺过程。

1）码料。

a．按照待镀件规格、种类等将被镀件吊挂在镀锌专用吊具上，然后进入酸洗池进行酸洗处理。

b．码料前需要对待镀件进行外观质量检查。

2）酸洗。

a．目的：除去待镀件表面铁的氧化物（铁锈）以防止因铁的氧化物存在，阻止钢基体与锌反应造成漏镀缺陷，为待镀件获得完好的镀锌层做准备。

b．各类待镀件根据规格、表面锈蚀情况等选择相应的酸洗时间。

3）水洗。目的：经酸洗后，待镀件表面附有大量的铁盐、酸液及其他残余污物，为更好的助镀及镀锌，需进行水洗。

4）浸助镀剂。目的：使待镀件在浸镀前，表面黏附一层盐膜，并保持待镀件具有一定活性。同时，避免镀件的再次氧化，以增强镀层与基体结合。

5）热浸镀锌。

a．目的：将经过前处理的工件浸入熔融的锌浴中，在其表面形成锌和（或）铁－锌合金镀层的过程。

b．镀锌操作。

（a）镀锌前，根据准备镀锌的塔材类别和规格调好镀锌炉温度，使镀液温度升至规定温度。

（b）镀件浸入锌液前，应按照一定的倾斜角度浸入锌液。

（c）镀件在锌锅中可作纵向和横向轻微摆动，应避免大幅度提动，且不要使锌液剧烈震动。

（d）镀件在出锌锅前，应清净锌液面的氧化锌层和助镀剂残渣，以保证镀件外观质量。镀件表面的多余锌液应随其自然流入锌锅，并用工具清除镀件底端的滴瘤，避免锌瘤的产生。

6）冷却。镀件经过热浸镀锌后，为便于对镀件进行处理的同时阻止锌铁合金化，需对镀件进行冷却处理。采用两种方式对镀件进行冷却，即使用风机吹风冷却（空冷）和水浴中浸泡冷却（水冷）。

7）钝化。

a．目的：提高工件表面抗大气腐蚀性能，减少或延缓白锈出现，保持镀层具有良好的外观。

b．将冷却后的工件浸入钝化液中一定时间，使工件表面形成钝化保护膜。

8）卸料。卸镀件必须在吊架上支撑后进行，严禁无支撑卸料。卸料后，清除镀件表面残渣与滴瘤。

9）后处理。后处理主要处理工件表面存在积锌、锌瘤、漏镀等缺陷，保证工件锌层质量满足要求。

（3）技术要求。

1）热浸镀锌所用的锌锭质量等级不应低于 GB/T 470 中牌号 Zn99.95。

2）热浸镀锌完成后，应观察构件的变形，否则，应通过机械方法进行冷矫正。

3）不允许对热镀锌后的构件进行再切割或开孔、焊接加工。

4）构件镀锌附着量和锌层厚度应满足工程和 GB/T 2694 的要求。对镀锌、运输和安装过程中少量损坏部位，可采用富锌涂料修复。单个修复面积应小于或等于 $10cm^2$，修复总面积不大于每个镀件总表面积的 0.5%。若漏镀面积较大时，应返镀。

2.3 包 装 及 运 输

2.3.1 包装

（1）成品的包装、发运应以签订的合同要求的内容为依据，若合同无特殊要求，则一般按照单基包装分捆、发运到站办理。

（2）包装应牢固，保证在运输和装卸过程中包捆不松动，避免部件之间、部件与包装物之间相互摩擦而损坏锌层。

（3）钢管管体的突出部分，如法兰、节点板等，应采用有弹性、牢固的包装物包装。

（4）包装前使用耐老化橡胶塞、耐老化塑料塞或其他有效方法封堵镀锌工艺孔。

（5）除满足合同要求外，还应在钢管部件的主杆体的明显位置做标记，标注工程的客户名称、塔型号及收货单位，标记内容应满足运输部门的规定。

（6）钢管成品储存应注意装卸和放置场所，不得损坏包装使产品变形或镀锌层受到破坏。

（7）部件在存放时，应有防止部件变形措施。

2.3.2 运输

（1）在装车前必须检查所有包捆是否有松动，若包捆有松动的需重新紧固后才能装车。

（2）装车人员应将较长、较重的耐压塔材捆放置在下面，怕弯、怕压的塔材捆放置在上面，钢管部件之间层采用道木、草支垫进行衬垫，防止部件损坏、锌层磨损和部件变形。

（3）运输中应注意装卸方法，不能损坏包装或使产品变形、损坏等。运输塔料中的凸出部分，在装卸车和运输时应将其妥善固定，以免发生碰撞变形或磨损镀锌层。

（4）产品运输应具有发货明细表、产品合格证一并交予收货单位收货人。

（5）产品运输应按交通部门的规章办理。

2.4 检　　　验

2.4.1 检验项目

（1）出厂检验。

1）合格证。钢管塔和钢管杆产品出厂前应检查和验收并签发产品合格证。

2）检验项目。检验项目包括：原材料外观质量、外形尺寸、无损检测、力学性能试验及化学成分分析，零部件尺寸偏差，焊缝内、外部质量，试组装，锌层外观质量、厚度、附着性、均匀性、标识和包装。

3）检验要求。

a. 检验人员。检验人员应经过专门的基本理论和操作技能培训考试合格，并持证上岗。

b. 无损探伤人员。从事焊缝无损探伤工作的相关人员应由国家授权的专业考核机构考试合格，其相应等级证书在有效期内，并按考核合格项目及权限从事无损检测和审核工作。

c. 检验设备及量具。检验设备及量具的量程及准确度应满足检测项目精度要求，经过计量检定（校准）合格，并在有效期内使用。主要检验设备及量具要求应符合表 2-1 规定。

表 2-1   主要检验设备及量具要求

检验项目	检验设备	精度及测量范围
钢材、焊缝外观质量	放大镜	5 倍
钢材外形尺寸、孔径	游标卡尺	0～150mm 或以上
长度、孔组间距	钢卷尺	3、10、30m 或以上
孔间距	钢直尺	0～300mm 或以上
孔准距	卡尺	0～150mm 或以上
间隙	塞尺	0.05～1.0mm
弧度	半径样板	$R7.0$～$R14.5$mm 或以上
牙距	牙规	符合 GB/T 5780 的规定
焊缝外形尺寸	焊接检验尺	0～40mm 或以上
钢材冲击试验	摆锤冲击试验机	0～150J 或以上
	低温槽	−40～+20℃ 或以上
	缺口拉床、投影仪	符合 GB/T 229 的规定
钢材拉伸及弯曲试验	材料试验机	0～600kN 或以上，精度为 1 级
	冷弯模具	3～75mm
焊缝内部质量	超声波探伤仪及试块	0～100mm
角度	万能角度尺	0°～320°
锌层厚度	金属涂层测厚仪	0～1000μm 或以上
密度	密度计	650～2000kg/m³
锌层附着性试验	锤击试验装置	符合相关行标要求
紧固件机械性能试验	紧固件机械性能试验模具	满足 M12～M24 紧固件机械性能试验的要求
紧固件硬度试验	洛氏硬度计	0～100HRB；0～40HRC
化学成分分析	化学成分分析设备	符合相关试验方法对应标准要求
质量	精密天平	0～100g 或以上，精度为 0.001g

4）检验方法。

a. 钢材质量。

（a）钢材外形尺寸检测。角钢边宽度用游标卡尺在长度方向上每边各测量 3 点，分别取其算术平均值；角钢厚度用游标卡尺或超声波测厚仪在每边各测量 3 点，分别取其算术平均值；钢板厚度测量 3 点，取其算术平均值。

钢管直径应在两端部十字方向测量，两端分别满足要求。圆钢直径在长度方向上两端距端部 25mm 处及中间任意部位沿十字方向测量，共 6 个点取算术平均值。

（b）钢材理化试验。物理力学性能试验可用材料试验机、冲击功试验机等进行，化学成分可用满足相关标准要求的试验仪器分析试验。

b．煅造法兰。

（a）外观质量用放大镜或目测检查；直径用量尺或专用工具在法兰十字方向测量几何尺寸取其算术平均值；法兰的厚度和带颈法兰高度沿圆周测 3 点取其算术平均值。

（b）超声波检验应符合 NB/T 47013.4 的规定。

c．零部件尺寸检测。零部件尺寸检测可采用钢卷尺、钢直尺、角度尺、游标卡尺等。

d．焊缝质量检测。

（a）焊缝外部质量可采用放大镜和焊缝检验尺检测，表面质量可采用表面探伤方法检测。

（b）设计要求全熔透的一、二级焊缝内部质量检测宜采用超声波探伤的方法检测，当超声波探伤不能对缺陷做出判断时，应采用射线探伤方法检测。

e．镀锌层质量检测。镀锌层外观检测用目测；镀锌层均匀性用硫酸铜试验方法检测；附着性用落锤试验方法检测；镀锌层厚度用金属涂层仪测试方法检测；发生争议时以溶解称重试验方法测试镀锌层附着量作为仲裁试验方法。

f．试组装质量检测。

（a）零部件及螺栓就位情况对照图纸目测检查。

（b）同心孔通孔率用比螺栓公称直径大 0.3mm 的试孔器检测，其他尺寸用钢卷尺检测。

（c）法兰连接间隙用塞尺测量，插接式钢管杆插接面贴合率采用 0.3mm 塞尺测量。

（d）横担预拱用经纬仪和钢直尺检测。

5）抽样方案及判定原则。

a．抽样原则。

（a）无特殊要求情况下，采用 GB/T 2828.1 一般检验水平。

（b）钢材质量、零部件尺寸质量、焊接件及焊缝质量等项目的抽样方案：660kV 及以下电压等级的铁塔产品采用 GB/T 2828.1 正常检验一次抽样方案；

750kV 及以上电压等级的铁塔产品采用 GB/T 2828.1 加严检验一次抽样方案。

（c）锌层和试组装质量采用 GB/T 2829 判断水平Ⅰ的一次抽样方案。

b. 检验批。检验批可由几个投产批或投产批的一部分组成。出厂检验批根据实际情况确定，需方验收检验批应根据供需双方合同约定。

c. 质量特性的划分。产品检验项目按质量特性的重要程度分为 A 类和 B 类，其质量特性划分情况见表 2-2。

表 2-2   检验项目及质量特性划分

项目名称			分类		合格标准（%）		
			A 类	B 类	单项实测点合格率	项合格率	项次合格率
零部件尺寸	主材	角钢	—	√	—	—	≥95
		钢管结构（含横担）	—	√	≥90	≥90	
	接头	角钢、连板	—	√	—	—	≥95
		钢管结构	—	√	≥90	≥90	
	连板		—	√	—	—	≥90
	腹材	角钢					≥85
		钢管结构	—	√	≥85	≥85	—
钢材外观			—	√			
钢材外形尺寸			—	√			
钢材材质			√	—	—	—	—
焊缝外观 [a]			—	√	≥90	100	
焊缝外形尺寸			—	√	≥95	100	
焊缝内部质量			√	—	—	—	—
锌层外观			—	√			
锌层厚度			—	√		—	
锌层附着性			√	—		—	
锌层均匀性			√	—			
试装同心孔率			—	√		≥96	
试装部件就位率			—	√		≥99	
试组装	主要控制尺寸		√	—		—	
	其他组装项目		—	√	允许两项不合格		

a 焊缝外观：根据不同焊缝等级划分，不准许出现偏差的项目为 A 类，其余为 B 类。

d. 质量水平。钢管塔、钢管杆产品 B 类检验项目质量水平按表 2-3。

表 2-3　　　　　　　　　　B 类检验项目质量水平

检查项目	钢材质量		零部件尺寸				焊缝质量		试组装		锌层质量	
	外观	外形尺寸	主材	接头	连板	腹材	外观	外形尺寸	同心孔率	就位率	外观	厚度
接收质量限 AQL[①]	0.40		4.0				0.65		—	—	—	—
不合格质量水平 RQL[②]	—	—	—	—	—	—	—	—	10			

① acceptance quality limit 简称 AQL。
② rejecton quality level 简称 RQL。

e. 判定原则。

（a）零部件判定原则。

当受检零部件出现下列情况之一时，应判定为不合格：

——项目或项次合格率低于表 2-3 规定值；

——钢材质量不合格或不符合设计要求；

——接头处孔相反，50% 及以上孔准距超标；

——过酸洗严重，接头孔被酸腐蚀超标；

——加工工艺与本标准或设计要求不符合；

——由于放样错误；

——焊接件中部件尺寸与焊缝有一方面不合格；

——控制尺寸与图纸不符所涉及的相关零部件。

（b）综合判定原则。A 类项有 1 项不合格，则产品判定为不合格；B 类项有 1 项大于或等于不合格判定数，则产品判定为不合格。

（2）型式试验。

1）试验要求。

a. 工程新设计塔型一般需要进行真型试验，试验塔高度为最高呼高加最长腿。直线塔加载至破坏，耐张塔加载至 100%。

b. 试验塔一般由设计单位进行组织，试验塔制造厂家配合实施。

c. 试验载荷为包含载荷系数的极限载荷。

2）材料测试。试验塔构件应进行拉伸和弯曲试验。

3）报告。试验报告应包括如下内容：

a. 提供经认证的所有塔的完整报告和构件材料测试报告。

b. 测力仪和仪表的校准。

c. 试验组装的清晰照片。

d. 自然缺陷。

e. 图表显示加载在塔上的每个时间间隔的挠度。

f. 详图显示所有的加载方式和偏差记录。

2.4.2 检验标准

（1）《计数抽样检验程序 第1部分：按接收质量限(AQL)检索的逐批检验抽样计划》（GB/T 2828.1）。

（2）《输变电钢管结构制造技术条件》（DL/T 646）。

（3）《碳素结构钢》（GB/T 700）。

（4）《低合金高强度结构钢》（GB/T 1591）。

（5）《紧固件机械性能螺栓螺钉和螺柱》（GB/T 3098.1）。

（6）《输电线路杆塔及电力金具用热浸镀锌螺栓与螺母》（DL/T 284）。

2.4.3 典型缺陷

钢管塔和钢管杆在加工制造过程中一般存在长度尺寸错误、孔位错误、连板焊接位置错误、漏孔、工件孔径孔位错误、构件变形、锌层厚度不合格和包装少料、混料等典型缺陷，详见表2-4。

表 2-4　　　　　　　　　　　　　典型缺陷表

序号	缺陷描述	原因分析	示意图	判定依据
1	构件长度错误，无法安装	加工人员未按照放样图纸尺寸进行装配加工		设计图纸 DL/T 646

续表

序号	缺陷描述	原因分析	示意图	判定依据
2	构件之间孔位错误，无法安装	（1）零件制孔时加工程序编辑错误； （2）未采用工装进行装配		设计图纸 DL/T 646
3	钢管连接板位置焊接错误	（1）放样时连接板位置标注错误； （2）装配时连接板位置放置错误		设计图纸 DL/T 646
4	构件漏孔、多孔和孔位错误	（1）放样图纸标注错误； （2）加工错误； （3）设备故障导致		设计图纸 DL/T 646
5	钢管法兰中心尺寸焊接错误，无法安装	装配加工时法兰中心定位尺寸选用错误		设计图纸 DL/T 646
6	构件孔径错，螺栓无法安装	（1）放样图纸孔径标注错误； （2）加工时未按照图纸孔径加工		设计图纸 DL/T 646
7	构件漏焊接连接板、槽钢等部分零部件	（1）装配时未仔细查看图纸，漏焊部分零部件； （2）装配不牢固，工序转运过程中掉落，未及时补焊上		设计图纸 DL/T 646

序号	缺陷描述	原因分析	示意图	判定依据
8	构件变形，无法安装	工件在吊运、装车及运输过程中防护不到位，磕碰、挤压变形		DL/T 646
9	镀锌漏镀、过打磨，导致构件锈蚀	（1）焊接件未封口、封口不佳；（2）工件表面酸洗不到位，镀锌时间短；（3）打磨处理过度		DL/T 646
10	构件锌层厚度不够	（1）镀锌温度过低或过高，镀锌时间不够；（2）构件表面油漆、油污等未清理干净，酸洗不到位		DL/T 646
11	包装少料，影响现场安装	（1）包装清单数量错误；（2）包装时未仔细清点工件件号及数量	—	DL/T 646

2.4.4　缺陷处置

钢管塔和钢管杆典型缺陷处理方法见表2-5。

表2-5　　　　　　　　　　　典型缺陷处理

序号	缺陷描述	处置措施	预防措施
1	构件长度错误，无法安装	报废重新加工	（1）采用相关工装设备进行装配，严格按放样图纸标注的尺寸进行拼装，偏差控制在标准范围内；（2）装配完成后进行自检和互检，发现问题及时处理

序号	缺陷描述	处置措施	预防措施
2	构件之间孔位错误，无法安装	（1）孔位返修处理； （2）无法处理的报废重新加工	（1）严格按照放样图纸进行制孔加工，并做好自检和互检工作； （2）构件装配时须采用工装进行加工，确保尺寸准确
3	钢管连接板位置焊接错误	去除连接板，重新装配焊接	（1）仔细查看图纸，按照图纸尺寸进行放样并安排专人审核； （2）严格按照放样图纸进行转配加工，并做好自检和专检工作
4	构件漏孔、多孔和孔位错误	（1）漏孔的按照图纸进行补制孔处理； （2）多孔的报废重新加工	（1）仔细查看图纸，按照图纸进行放样； （2）严格按照放样图纸进行制孔加工，并做好自检和专检工作； （3）做好设备的点检和保养，消除设备故障
5	钢管法兰中心尺寸焊接错误，无法安装	去除法兰，重新装配焊接加工	（1）采用相关工装设备，按照放样图纸中的法兰中心线进行定位装配； （2）装配完成后进行自检和互检，确保法兰中心定位准确
6	构件孔径错，螺栓无法安装	（1）孔径小的扩孔处理； （2）孔径大的报废重新加工	（1）仔细查看图纸，按照图纸孔径进行放样； （2）严格按照放样图纸进行制孔加工，并做好自检和互检工作
7	构件漏焊接连接板、槽钢等部分零部件	漏焊零部件重新装配焊接	（1）仔细查看图纸，按照图纸备齐零部件，然后进行装配； （2）装配完成后做好自检，确保零部件装配齐全； （3）加强转运过程防护，避免零部件脱落；焊接时按照图纸核对焊接件的完整性
8	构件变形，无法安装	（1）校正处理； （2）无法校正的报废重新加工	（1）吊运过程中控制吊运构件数量和吊运行为，避免野蛮装卸造成的积压变形； （2）构件装车时做好防护，构件之间放置草支垫、道木等，并固定好，避免工件磕碰、挤压变形
9	镀锌漏镀、过打磨，导致构件锈蚀	（1）清理表面黄水，封堵后喷锌处理； （2）漏镀处打磨喷锌处理或返镀处理	（1）加强焊接工序的焊缝质量控制，确保焊缝封闭； （2）酸洗前做好黑件的表面质量检查，检查焊缝封口、气孔等情况，发现问题进行返修处理； （3）构件表面的油漆、油污等清理干净； （4）控制打磨力度，避免过度打磨，打磨后及时喷锌修复
10	构件锌层厚度不够	（1）喷锌修复； （2）重新镀锌	（1）镀锌前检查构件的酸洗效果，不符合要求的重新酸洗； （2）严格按照镀锌工艺参数进行镀锌操作

续表

序号	缺陷描述	处置措施	预防措施
11	包装少料，影响现场安装	（1）包装多料时，取回多料； （2）少料时增补所缺工件	（1）认真编制包装清单，并与图纸及加工清单仔细核对； （2）按件号打包时，每一个件号打包完后，应与包装清单核对数量，确认无误后，方可对下一个件号打包； （3）做好开包抽检工作

2.5 到 货 验 收

2.5.1 验收项目

1. 现场到货检验

现场检验是中标方完成交货和招标方完成验收的过程，现场检验的要求为：

产品运抵施工现场由监理单位、施工单位和中标方共同派人按选定的检查方案对产品开包检验，检验包括外观检查及数量清点，并将检查结果填报检查验收单后送交招标方。

2. 现场质量检测项目

铁塔产品安装前，业主方组织对供货到现场的铁塔产品进行抽样检测：

（1）铁塔材料。

1）核查钢材材质报告（化学成分、拉伸试验、冲击试验）。

2）抽查检测塔材镀锌侧厚度、镀锌层附着性、焊接质量进行质量抽检。

（2）紧固件。结合螺栓现场抽检相关条款核对紧固件质量检测项目：

1）核查紧固件镀锌层均匀性检测报告。

2）抽查检测紧固件标识、螺栓楔负载、螺母保证载荷、镀锌层厚度、镀锌层附着性。

3. 其他验收

考虑到铁塔与金具的配合安装，必要时在铁塔组装前将铁塔挂点部位现场组装后与挂点金具进行连接安装，确保配合无误。

2.5.2　验收标准

（1）《计数抽样检验程序　第 1 部分：按接收质量限（AQL）检索的逐批检验抽样计划》（GB/T 2828.1）。

（2）《输变电钢管结构制造技术条件》（DL/T 646）。

（3）《碳素结构钢》（GB/T 700）。

（4）《低合金高强度结构钢》（GB/T 1591）。

（5）《紧固件机械性能螺栓螺钉和螺柱》（GB/T 3098.1）。

（6）《输电线路杆塔及电力金具用热浸镀锌螺栓与螺母》（DL/T 284）。

章后导练

基础演练

1. 钢管杆杆身连接方式一般分为哪几种？

2. 钢管组合塔和钢管杆生产准备包含哪些内容？

3. 角钢塔制孔工艺一般分为哪几种方式？

4. 工件标识钢印深度一般要求为？

5. 制管的一般工艺流程为？

提高演练

1. 钢管组合塔的制造工艺主要包含哪些流程？

2. 简述钢管塔带颈法兰焊接工艺内容？

3. 简述钢管组合塔和钢管杆的抽样原则？

4. 钢管组合塔和钢管杆到货验收的内容及验收标准为？

案例分享

钢管组合塔广泛应用于特高压交流输电线路、大型跨越塔领域和线路走廊资源紧张地区。钢管组合塔加工工艺复杂，但由于其强度高、耐外力冲击强、占地小且施工安装方便、挺拔美观等优点。如 385m 世界最高输电线路铁塔——凤城至梅里 500kV 长江大跨越工程、380m 高的 500kV 舟山联网线路工程大跨越、800kV 白鹤滩长江大跨越工程等跨越塔均采用钢管组合塔。

钢管杆多用于35～220kV线路或城市配电网、市政工程、通信等领域。随着城市线路走廊资源的紧张，双柱门型杆、三柱钢管杆和四柱窄基钢管杆得到广泛应用。

🟢 导读

架空导线主要指架空明线，一般采用绝缘子固定在直立于地面的杆塔上，是传输电能的主要材料。架空导线架设和维护比较方便，但受气象和环境（如大风、雷击、污秽、冰雪等）影响较大，因此需要根据不同的传输容量要求、不同的气象条件选择合适的类型的架空导线。

架空导线一般有两种组合材料组合类型。一种是加强芯加导电单元结构，例如钢芯铝绞线、铝包钢芯铝绞线、铝合金芯铝绞线、铝包钢芯耐热铝合金绞线等；另一种是无加强芯只有导线单元，例如铝绞线、铝合金绞线等。

本章从生产制造的角度出发，按照导线的加强芯以及导电单元的组成，从生产准备、制造工艺、包装和运输、检验、到货验收等五个方面介绍了导线的相关内容。

🟢 重难点

（1）重点：介绍架空导线的制造工艺及验收等内容，包含生产准备工作、制造工艺、包装及运输、检验以及到货验收等五小节。其中，生产准备小节分别描述了铝锭、铝杆、铝线、镀锌钢线、铝包钢线五种主要原材料的技术要求；制造工艺小节分别描述了导线的连铸连轧、拉丝、绞线等三个主要的制造工序的技术要求；包装运输小节分别描述了包装和运输的相关要求；检验小节分别描述了检验项目、检验标准、典型缺陷、缺陷处置等事项；到货验收小节分别描述了验收项目和验收标准等内容。

（2）难点：在导线的检验项目的理解，由于不同类型导线的技术要求涉及不同的原材料、生产工序、检验项目，因此，需要对导线结构、材料等特性充分理解的基础上认识到检验项目和要求的差异性。

重难点	包含内容	具体内容
重点	制造工艺	1. 生产准备：铝锭、铝杆、铝线、镀锌钢线、铝包钢线 2. 制造工艺：连铸连轧、拉丝、绞线 3. 检验：检验项目、检验标准、导线缺陷、缺陷处置
难点	检验	1. 原材料检验标准：镀锌钢线、铝包钢线、铝线、铝合金线、耐热铝合金线 2. 成品导线检验标准：圆线同心绞架空导线、型线同心绞架空导线、耐热铝合金架空导线 3. 导线的特殊试验：拉断力试验、应力应变试验、蠕变试验

第3章 导　　　线

架空导线是用来传导电流的裸电线，架空导线通常每相一根，当线路需要输送容量较大时，每相采用两根及以上的导线，例如2、3、4、6、8、10分裂等，采用多分裂导线可以减少电晕损失和电晕干扰。采用多分裂导线具备输送较大的电能的能力，而且电能损耗少，还具有较好的防震性能。

架空导线有单一绞线和组合绞线两大类。单一绞线一般由材质相同、线径相等的多股线材绞制而成。组合绞线由导电部分的线材和增加强度的芯线组合绞制而成。导线的基本组成如图3-1所示。

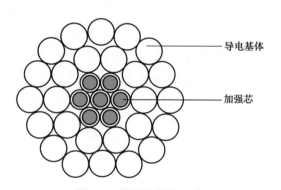

图 3-1　导线的基本组成

导体材料随着技术发展，已经从单一的电工铝派生出高导电率铝、高强度铝合金、中强度铝合金、耐热铝合金等合金、软态铝线等多种材料类型。

加强芯也已经镀锌钢派生出铝包钢芯、铝包殷钢芯、复合材料芯加强件等多种材料类型。

导线的结构也已经有了很多的发展和改良，主要有圆线同心绞架空导线、型线同心绞架空导线、间隙导线、扩径导线等形式，如图3-2所示。随着光纤技术发展，将光纤复合到导线结构中去，实现对导线的温度、应力进行监控的光纤复合相线也有一定应用。

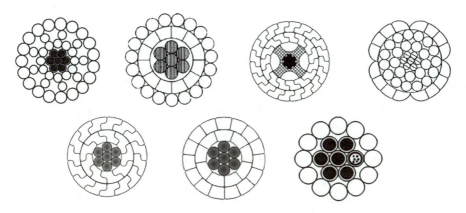

图 3-2 导线的结构形式

3.1 生 产 准 备

架空导线的品种一般有钢芯铝绞线、铝包钢芯铝绞线、钢芯耐热铝合金绞线、铝包钢芯耐热铝合金绞线、铝合金线铝绞线、铝包殷钢芯耐热铝合金绞线、间隙型特强钢芯耐热铝合金绞线以及低风压导线、自阻尼导线等结构衍生类型的型线结构导线。以上导线的加强芯种类一般包括镀锌钢线（钢绞线）、铝包钢线（铝包钢绞线）、铝包殷钢线，导体单线的种类一般包括电工硬铝线、耐热铝合金、铝合金（铝镁硅合金的简称，又分为高强度铝合金、中强度铝合金等品种）。其中，导线制造企业通常具备杆材、线材等中间产品的加工能力，通过外购铝锭在工厂内实现后道工序生产，得到铝杆（包含耐热合金杆、铝合金杆）、铝线（包含耐热合金线、铝合金线）等半成品。导线制造企业一般外购原材料为铝锭、铝杆、镀锌钢线、铝包钢线以及其他辅助材料，部分厂家也需要从外部供应商采购铝杆、铝线。

导线制造前的准备工作有原材料准备、生产工艺文件准备、生产设备以及工装模具的准备工作，以下主要将关键原材料的准备进行描述。

3.1.1 铝锭

导线生产使用的铝锭主要是重熔用铝锭。重熔用铝锭的主要参考标准为 GB/T 1196—2017《重熔用铝锭》。重熔用铝锭按化学成分分为 8 个牌号，即 Al99.85、Al99.80、Al99.70、Al99.60、Al99.50、Al99.00、Al99.7E、

Al99.6E，产品的化学成分见表 3-1。一般导线生产采用 Al99.85、Al99.80、Al99.70 铝锭。

表 3-1　　　　　　　　　　　产品的化学成分表

牌号	化学成分（质量分数）（%）									
	Al ≥	杂质，≤								
		Si	Fe	Cu	Ga	Mg	Zn	Mn	其他，单个	总和
Al99.85	99.85	0.08	0.12	0.005	0.03	0.02	0.03	—	0.015	0.15
Al99.80	99.80	0.09	0.14	0.005	0.03	0.02	0.03	—	0.015	0.20
Al99.70	99.70	0.10	0.20	0.01	0.03	0.02	0.03	—	0.03	0.30
Al99.60	99.60	0.16	0.25	0.01	0.03	0.03	0.03	—	0.03	0.40
Al99.50	99.50	0.22	0.30	0.02	0.03	0.05	0.05	—	0.03	0.50
Al99.00	99.00	0.42	0.50	0.02	0.05	0.05	0.05	—	0.05	1.00
Al99.7Eb.c	99.70	0.07	0.20	0.01	—	0.02	0.04	0.005	0.03	0.30
Al99.6Eb.d	99.60	0.10	0.30	0.01	—	0.02	0.04	0.007	0.03	0.40

每一批次的品牌铝锭要单独堆放，铝锭到货后对每批次品牌、重量、检测结果进行收集，检测项目为 Al、Si、Fe、Mg、V、Ti、Mn、Cr、B 等元素含量。

生产前抽样检查铝锭的外观质量，铝锭应呈银白色、表面应整洁，无较严重的飞边或气孔，允许有轻微的夹渣，如果需方对铝锭的外观质量有其他要求时可双方协商。

铝锭的锭重主要有 15kg±2kg、20kg±2kg、25kg±2kg 三种规格，也可双方协商。铝锭的形状不做统一的规定，但应适合于包装、运输和储存的需要，一般采用钢带捆扎成垛交付，如图 3-3 所示。

图 3-3　铝锭

3.1.2 铝杆

导线生产使用的铝杆一般包括电工用圆铝杆、耐热铝合金杆、铝镁硅合金杆等种类，铝杆的主要参考标准为 GB/T 3954。

铝杆应圆整、尺寸均匀、表面应清洁；不应有摺边、错圆、夹杂物、扭结等缺陷；单卷铝杆成圈整齐，不应有乱头。铝杆如图 3-4 所示。

图 3-4 铝杆

生产前应检查每卷铝杆的表面质量及性能，性能检测内容包括表面质量、外径、每米重量、抗拉强度、伸长率、电阻率、耐热性能。

每卷铝杆在使用前需进行性能检测，采取每卷头尾取样检测的方法，检测合格后方可使用。普通导线用铝杆性能要求如下：

（1）不圆度≤0.4（垂直于轴线同一截面上最大与最小直径之差）。

（2）抗拉强度≤105MPa。

（3）断裂伸长率≥14%。

（4）电阻率≤28.01nΩ·m（20℃）。

（5）成分应符合 GB/T17937 的要求，铝含量不低于 99.5%。

铝杆直径的选择主要根据拉丝机的型号有关，一般使用ϕ9.5mm 铝杆。

3.1.3 铝线

导线生产使用的铝线一般包括电工硬铝线、耐热铝合金线、高强度铝合金线、中强度铝合金线、软铝线等，铝线及铝合金线的主要参考 GB/T 17048、GB/T 23308、GB/T 30551、NB/T 42042 等标准。

铝线或铝合金线应采取成圈或成盘的方式交付，不应有乱头。

铝线及铝合金线应表面光洁，没有任何如裂纹、毛刺、开裂、夹杂，或其他可能危害产品性能的缺陷，如图 3-5 所示。

图 3-5 铝线

采用圆线结构的铝线或铝合金线的外径应符合标准规定，外径偏差不得大于 ±0.03mm 或 ±1%d。采用型线结构的铝线或铝合金线的等效直径也应符合上述要求。

生产前应检查每卷 / 盘铝线或铝合金线的表面质量及性能，性能检测内容包括表面质量、外径、抗拉强度、伸长率、电阻率、卷绕、耐热性能。铝线或铝合金线的一般性能要求见表 3-2。

表 3-2　　　　　　　　　铝线或铝合金线的一般性能要求表

材料名称	代号	导电率（%IACS）	抗拉强度（MPa）	耐温等级（℃）	国外或其他代号
电工铝	LY9	61	165	90	AL
耐热铝合金	NRLH1	60	162	150	TAL
高强度耐热铝合金	NRLH2	55	241	150	KTAL、GQNRLH、NRLH55
超耐热铝合金	NRLH3	60	162	210	ZTAL、CNRLH
特耐热铝合金	NRLH4	58	162	230	UTAL、TNRLH
高强度铝合金	LHA1	52.5	325	90	AAAC
高强度铝合金	LHA2	53	295	90	AAAC
中强度铝合金	LHA3	58.5	240	90	AAAC
中强度铝合金	LHA4	57.0	275	90	AAAC
软铝（退火）	LR	63	60	150	1350

注　抗拉强度按照 3.50mm 单丝的性能要求列表。

3.1.4　镀锌钢芯（线）

导线生产使用的钢线一般为镀锌钢绞线、高强度镀锌钢线，主要参考 GB/T 3428—2012、YB/T 5004—2012 等标准。

镀锌钢线或镀锌钢绞线应采取成圈或成盘的方式交付，不应有乱头。

镀锌钢线或镀锌钢绞线应按批验收和堆放，每批应由同一结构、同一直径、同一抗拉强度级、同一锌层级别的产品规格组成。

镀锌钢线应表面光洁，不应有与良好的商品不相称的所有缺陷。镀锌钢绞线内镀锌钢线（含中心钢丝）应为同一直径、同一强度、同一锌层级别。镀锌钢绞线的直径和捻距应均匀，切断后不松散。镀锌钢绞线内钢丝应紧密绞合，不应有交错、断裂和折弯。

生产前应检查每卷 / 盘镀锌钢线或镀锌钢绞线的表面质量及性能，性能检测内容包括表面质量、绞向、直径及公差、外径及节径比、1% 伸长应力、抗拉强度、韧性试验（扭转、缠绕、伸长率）、钢线镀锌层试验（锌层重量、连续性、附着性）、油脂重量等。钢丝的横断面积以公称直径计算。

镀锌钢线的一般性能要求见表 3-3。镀锌钢绞线如图 3-6 所示。

表 3-3　　　　　　　　　　镀锌钢线的一般性能要求表

材料名称	国内代号	1% 伸长应力（MPa）	抗拉强度（MPa）	伸长率（%）	其他代号
镀锌钢	G1A	1140	1310	3.0	St
镀锌钢	G1B	1070	1210	4.0	St
镀锌钢	G2A	1280	1410	2.5	St
镀锌钢	G2B	1210	1340	2.5	St
镀锌钢	G3A	1410	1590	2.0	St
高强镀锌钢	G4A	1580	1820	3.0	EST
高强镀锌钢	G5A	1600	1910	3.0	—
高强镀锌钢	G6A	1670	1960	3.0	—

注　1% 应力、抗拉强度按照 2.50mm 单丝的性能要求列表。

图 3-6　镀锌钢绞线

3.1.5　铝包钢芯（线）

导线生产使用的铝包钢线一般有铝包钢线、高强度铝包钢线、铝包殷钢线以及绞线，主要参考 GB/T17937—2009、T/CEEIA 430—2020、T/CEEIA 429—2020 等标准。铝包钢线主要用来承担导线的拉力，主要体现在抗拉强度等级上，电气性能主要是电阻率由单线外铝层厚度来体现。

铝包钢线或铝包钢绞线应采取成圈或成盘的方式交付，不应有乱头。铝包钢线或铝包钢绞线应按批验收和堆放，每批应由同一结构、同一直径、同一型号的产品规格组成。

铝包钢线主要有几何参数、物理机械、电气三种性能。几何参数包括外径、铝层最小厚度，物理机械参数包括抗拉强度、1% 伸长应力、扭转特性，电气性能参数为电阻率。

常见的铝包钢规格为 14%IACS、20%IACS、27%IACS 导、30%IACS、35%IACS、40%IACS，常见的铝包殷钢的规格为 10%IACS、14%IACS（IACS 为国际退火铜标准）。

铝包钢线应光洁，不应有裂纹、粗糙、划痕和杂质等缺陷。铝包钢绞线内各单线应为同一直径、同一规格级别。成品铝包钢线不应有任何类型的接头。

生产前应检查每卷 / 盘铝包钢线或铝包钢绞线的表面质量及性能，性能检测内容包括外观表面质量、绞向、直径及公差、外径及节径比、1% 伸长应力、抗拉强度、伸长率、扭转、电阻率、铝层最小厚度等。铝包钢线的一般性能要求见表 3-4。铝包钢绞线如图 3-7 所示。

表 3-4　　　　　　　　　　铝包钢线的一般性能要求表

材料名称	代号	导电率（%IACS）	1% 伸长应力（MPa）	抗拉强度（MPa）	密度（g/cm³）	线膨胀系数（×10⁻⁶/℃）
铝包钢线	LB14	14	1410	1590	7.14	12.0
铝包钢线	LB20A	20.3	1200	1340	6.59	13.0
铝包钢线	LB23	23	980	1220	6.27	12.9
铝包钢线	LB27	27	800	1080	5.91	13.4
铝包钢线	LB30	30	650	880	5.61	13.8
铝包钢线	LB35	35	590	810	5.15	14.5
铝包钢线	LB40	40	500	680	4.64	15.5
高强度铝包钢线	QLB14	14	1580	1820	7.14	12.0
高强度铝包钢线	QLB20A	20.3	1410	1590	6.59	13.0
高强度铝包钢线	QLB23	23	1280	1410	6.27	12.9
高强度铝包钢线	QLB27	27	1140	1310	5.91	13.4
高强度铝包钢线	QLB30	30	800	1080	5.61	13.8
高强度铝包钢线	QLB35	35	700	960	5.15	14.5
高强度铝包钢线	QLB40	40	590	810	4.64	15.5
铝包殷钢线	LBY10	10	—	1150	7.39	3.0
铝包殷钢线	LBY14	14	—	1100	7.10	3.7

注　1% 应力、抗拉强度按照 2.50mm 单丝的性能要求列表。

图 3-7　铝包钢绞线

3.2 制 造 工 艺

导线的制造工艺流程包括加强芯和铝线的制备，以及导线的绞合，从而制备成产品导线，并经过中间检测以及成品检测、包装后方可交付给客户。关键工序流程如图 3-8 所示。

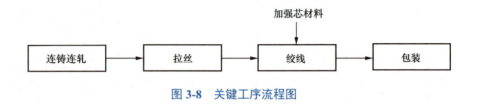

图 3-8　关键工序流程图

3.2.1　连铸连轧

（1）生产工艺流程。原材料准备→熔铝炉熔化→保温炉保温 →除气精炼、充分搅拌、除渣→炉前分析→静置→在线除气→（电磁净化）→连铸→（中频加热）→连轧→专检→入库。

（2）原材料准备。将铝锭分批次与厂家进行整齐堆放，严格按配料单进行领用。检查所加的铝料、中间合金干燥清洁，需符合配料工艺单要求。及时清除铝锭上的包装钢带、塑料包装带、铅丝、泥沙和其他杂物。

（3）关键工序过程。

1）熔铝、保温、除气和精炼。空炉时严禁一次加料过多，一般不超过 6t，转入正常生产后，严格按照配料通知单规定加入铝料，每次加料的重量约 1t 左右，确保新添料低于加料口水平线下 0.5m 左右。

采用合适的工具将精炼剂放入铝液中，确保精炼剂能够充分发挥作用，对铝液的搅拌、精炼、除气、扒渣等均应按照设备规程要求进行。

保温炉中的铝液或铝合金液应及时浇铸，若在炉中放置大于 2h 需重新精炼。熔炼炉和精炼炉分别如图 3-9 和图 3-10 所示。

2）炉前分析。配料后第一炉铝熔融液体应在保温炉中静置 15min 以后再取样进行光谱分析，验证投料成分是否符合要求，如果需要应及时调整配料。

图 3-9　熔炼炉

图 3-10　精炼炉

3）浇铸。对流槽浇包用铝水进行预热升温，保持铝水流到浇包时不冻结，提前放好过滤板并盖好，打开加热装置，用堵套及耐火泥堵好过滤包放水口。按工艺要求打开冷却塔冷却装置，检查内外喷嘴是否畅通。

4）轧制。浇铸好的铸条剪去开头部分，一般大于 10m，将修整后的铝铸条通过校直机送入轧机。铝轧机如图 3-11 所示。

调整冷却水温度、流量以及乳化液流量，并确保乳化液、润滑油系统连续均匀运转，控制铝或铝合金的金相成形。

图 3-11 铝轧机

5）收线。调整杆材收线机的甩杆转速，使其水平叠加，待收线框中杆收满后快速换篮。

整篮吊出后，取样做好记号、扎好杆后称重如实填写合格标牌，并吊放到固定堆放区。需热处理的杆材采用全梅花收线，转篮速度不低于 30r/mim。扎杆用的 3.5～4m 左右段长的铝杆，铝杆强度要求≥115MPa。

（4）控制要点。

1）所有铝锭进入高温炉时必须保证无任何杂物，严禁夹带包装投料，以免对产品质量造成隐患。

2）严格按照配料通知要求进行投料，在生产高纯度铝杆时严禁投入回用料和其他废料。

3）在冲天炉向保温炉放铝液的过程中，应严格控制好铝液的温度 700±40℃，严禁出现超温的现象。

4）扒渣时应严格按照工艺要求进行操作，保证扒渣干净彻底不留死角，严禁在铝液表面形成波浪避免造成吸气。

5）及时检查收线杆的质量，应无摺边、错圆、裂纹、夹杂物、扭结、斑疤、麻坑、起皮或飞边等缺陷。

6）所有标牌应挂在扎杆绞合处，挂牌的一面均向外侧。

7）生产的铝杆有特殊要求或者异常情况必须在标识牌上注明清楚，如果有断头现象必须把断头拉出来。

8）铝杆储存注意要防潮防湿，不能淋雨。

3.2.2 拉丝

（1）生产工艺流程。原材料准备→放线→穿模→拉丝→收线→初检→专检→入库。

（2）原材料准备。将铝杆分品种规格堆放，并且堆放整齐；使用时要根据工艺单要求领用。检查所用的穿线模具、过线模具、铝杆型号规格、盘具符合工艺单要求。

（3）关键工序过程。

1）工艺设定。对于不同的规格，有不同的拉丝工艺参数，请参照工艺卡片。按下主控面板中的"菜单中工艺参数设定"按钮，最后两道拉制成品模尺寸按实际设定，拉丝机会自动计算出最大拉丝速度，按钮予以确认。

2）穿模、引线。

a. 将主控台菜单运行操作设定为单动。按工艺卡片上的配模要求进行穿模，引线，在鼓轮上绕上 3 圈。

b. 穿模时请注意线模进出口方向。成品模引线出来后，绕经张力轮，再引至收线线盘。穿模具时应注意在使用相对应的下方点动踏板。

c. 穿模全部完成后，检查所有线行走状态是否正常，是否有刮伤、夹线以及跳出轮外面现象。

3）拉丝。

a. 单线直径要符合工艺要求，外径、表面质量（雀皮、起槽、带油、刮伤、麻坑等）、排线都必须进行检查；问题处理结束后方可开机生产。

b. 开机时速度要慢，一般 5m/s 以下运行 200m，检查单线的表面质量。

c. 到设定长度换盘，换盘结束应及时把满盘推走，装好空盘。每一盘结束应及时做标识标记；单盘收线需停机换盘。双盘收线，换盘速度控制：4～6m/s。

（4）控制要点。

1）单线直径要符合工艺要求，外径、表面质量（雀皮、起槽、带油、刮伤、麻坑等）、排线都必须进行检查；问题处理结束后方可开机生产。

2）单线必须放在单丝待检区，不得混放、碰撞。

3）单线流转卡上贴的二维码需标明规格、编号、长度、生产人员、生产日期及绞层。

4）拉丝断线后，严禁进行冷焊接线操作，将不合格品放置于隔离区，进行复绕处理。

铝高速拉丝机如图 3-12 所示。

图 3-12　铝高速拉丝机

3.2.3　绞线

（1）生产工艺流程。

原材料准备→放线架放线→绞体放线→各层预成型→双轮主牵引→收线→自检→专检→包装→入库。

（2）原材料准备。

1）将铝单线、加强芯线分品种规格堆放，并且堆放整齐；使用时要根据工艺单要求领用。

2）检查所用的绞合模具、过线模具、单线以及加强芯的型号规格、盘具符合工艺单要求。

（3）基本工艺要求。

1）基本结构是中心绞合，一般要求最外层右向绞合，多层绞合时每层绞合的方向相反。

2）多层绞线中，任何外层的节径比应不大于相邻内径的节径比。

3）绞合后所有单线应自然地处于各自的位置，切断时，各线端应保持原来形貌或容易用手复原。

4）每层单线应均匀紧密地绞合在中心线芯或内绞层上。

（4）关键工序过程。

1）钢芯/中心线上机。

a. 钢芯或中心线上盘，钢芯首端零散部分剪去并用红胶布包裹 5cm；

b. 取钢芯头时要检查钢芯是否能正常放线；

c. 钢芯七要素：表面质量、钢芯规格、型号、生产长度、绞向、合格证。

2）单丝上盘。

a. 检查气缸是否锁紧，张力销是否进盘，防止盘具飞出；

b. 使用上盘小车时严禁有人站在上面。单丝三要素：长度、规格、表面；

c. 穿线分配均匀，防止产生跳股；

d. 注意单线导轮在线槽中出线情况，防止刮线，单丝拉断。

3）调制、绞合成型。

a. 严格按照工艺要求进行调节下压量、边轮距、张力值；

b. 将中心线和穿过分线盘的单线聚合成线束引入压模进行绞合，绞合时不能出现单丝交叉的现象。

（5）控制要点。

1）根据绞线工艺单确认绞向，正常情况为外层绞线为右向，相邻层绞向相反，若出现外层有左向的情况需再次确认。

2）用尺测量节距，确认测量的节距是否在设置节距的 100%±2% 范围之内，同时用游标卡尺测量其外径，确认是否在标准外径的 ±2% 内，记入记录。

3）在绞制过程中，应经常检查穿线套管、钨模芯，若有损坏或铝屑堵塞，一旦发现应立即加以调整。为延长模具使用周期，可转换角度继续使用，但以单线无刮伤和擦伤为准。

4）各段绞笼线盘架上单线的张力和放线架上的中心线芯的张力应保持均匀；尾端张力控制根据固化表进行设定，单线线径合格情况尾端宁可不放张力，合金导线尾端切割时应注意导线切割方向，顺着右向进行切割、切割时尾端进行固定住防止反弹导致松股。

5）各层导线的压模应配合适当，压模尺寸应保持小于导线的外径尺寸

0.3～0.5mm。压模架与分线盘的距离应调节适当，防止导线生产过程中出现跳股现象，过长会造成叠股现象，过短则会因应力未恢复而造成股线松股。

6）成品排线应整齐，平整。绞线最外层与线盘侧板边缘的距离应不小于70mm。绞线机如图 3-13 所示。

图 3-13　绞线机

3.3　包 装 及 运 输

导线的包装和运输应符合国家标准或行业推荐标准的要求，应使用有加固钢骨架的铁木结构交货盘或可拆卸式全钢瓦楞结构交货盘，采取有良好的防震、防锈及防盗等效果的保护措施，木制品应有植物检疫证及其他相关证明，交货盘应使得地线在运输、储存、装卸以及在现场放线操作免于一切损伤。

3.3.1　包装

包装盘具的类型、结构尺寸和包装形式应符合相关工程的合同规定和招标文件要求。交货数量及提交的资料应符合交货计划和合同规定的质保资料的要求。木制品的使用和使用完的处理方式应满足国家林业和草原局公告《2022年松材线虫病疫区》（2022 年第 6 号）、《松材线虫病疫区和疫木管理办法》（林生发〔2018〕117 号）等文件要求。

包装盘具适宜性检查：交货盘的筒径不应小于地线直径的 30 倍，可拆卸式全钢瓦楞结构交货盘应执行 DL/T 1289《可拆卸式全钢瓦楞结构架空导线交货盘》相关要求。每个交货盘上只绕一根导线，交货盘侧板边缘和外层绞线之间的间隔应不小于 70mm，导线的端头必须牢固固定，不能因张力放线而拉脱。

包装盘具质量检查：包装盘有全木盘、全铁盘、铁木盘等品种，盘具质量检查包括表面质量（含焊接）、尺寸检查（侧板直径、筒体直径、内宽、外宽、轴孔）、加强圈分布是否均匀、筒体（全木盘）有无异物、封板表面质量等。

包装盘标识要求：标签应涵盖以下内容，导线型号规格、盘长、整盘毛重、净重、线盘编号、表示滚动向的箭头、生产日期，以及其他合同规定的内容。

包装盘检查内容见表 3-5。

表 3-5　　　　　　　　　　　包装盘检查内容

检查内容	要求	效果示例
包装材料	根据盘具大小、宽窄，选用相应规格的竹席外包，同时检查有无蛀虫、变形、损坏等现象	
检查外包	外包时应注意竹席平整，无偏斜、起拱等现象	
包带包扎	竹席包装完毕后，用两道打包带包扎，打包带上下应保持在一个平面，不得打扭；打包扣接口向内夹紧	

续表

检查内容	要求	效果示例
放置完成	包装完成后移至成品堆放场地有序堆放，做好防雨措施	

3.3.2 运输

汽车、火车以及集装箱运输应符合行业标准要求，并确保导线在运输过程中不松动、不移位、不碰撞。装货人员应正确穿戴好劳保用品，起吊时操作人员不得离吊物太远，但也要保持一定的安全距离（3m 以上）。装货过程中，应注意盘具摆放整齐。导线运输检查内容见表 3-6。

表 3-6　　　　　　　　　　　导线运输检查内容

检查内容	要求	效果示例
包装检查	（1）装箱前确认包装检查表，包括合同号、盘号、规格型号、长度、导线表面、喷字、熏蒸标识等； （2）包装成品导线应头尾固定牢靠，原则上一盘只装一根导线，对导线排线进行检查，导线之间不松动	
装运准备	（1）根据押运单上的盘号排放一起，将所需发货的成品搬运到指定区域（集装箱或货车）处； （2）导线盘严禁倒置横放，避免意外滚动	
检查盘具	装货人员应检查盘具的质量、包装质量、合格证等	
装车核对	根据押运单进行核实需发货的成品（核实合格证所有内容），确保装车导线与押运单一致	

检查内容	要求	效果示例
起吊盘具	起吊时应注意轻吊轻放，吊物下面严禁站人。吊盘具需调整位置时应手扶在盘具的安全位置，以防夹手	
垫木块	木块垫在盘具的四个点，盘具离车厢地板 3～5cm 左右。垫木块时，经双方口令并目视确认手脚离开后，方可操作行车下降，以防压到手指。单盘重量大于 5t 及偏远地区应，选取钢筋垫木进行装车，其余导线采用木板垫车	

导线送达货场后，部分产品需采用二次转运到项目现场，二次转运过程中需严格按照导线运输检查内容执行。导线盘严禁倒置横放，避免意外滚动。导线盘严禁从车板高处推落地面，应采用合适的吊具平稳起吊。应采用合适的运输车辆装运导线，确保导线盘具稳定牢固固定在车辆货厢中。

3.4 检 验

3.4.1 检验项目

导线的生产检验包括原辅材料和半成品的检验以及成品试验，成品试验类型有例行试验、型式试验、抽样试验三种类型。导线的使用方或采购方应关注导线的成品试验，如双方合同有约定也可关注原辅材料检验。

例行试验是由制造厂在成品的所有制造长度上进行的试验，以检验所有导线是否符合规定的要求，用于出厂、现场交接等保证导线符合用户协议要求。例行试验的项目包括绞制后单丝性能、导线结构尺寸、表面质量、节径比及绞向。

抽样试验是用于保证导线质量及符合标准的要求。抽样试验项目包括单丝及绞线外观检查、结构尺寸、材料、力学及电学性能及其他特殊试验等。抽样试验试样应从 10% 成盘导线的外端随机选取，若同批次产品数量少于 10 盘，则至少抽取 1 盘进行试验，且在包装之前应检查每成盘导线的表面情况。

型式试验是型式试验用于检验导线的主要性能。对于新设计的导线或用新的生产工艺生产的导线，试验只做一次，并且仅当其设计或生产工艺改变之后试验才重做。型式试验只在符合所有有关抽样试验要求的导线上进行。试验项目包括单线性能、导线拉断力、弹性模量、20℃直流电阻、节径比、单位长度质量、应力—应变曲线、长期耐热性、蠕变曲线、线膨胀系数、载流量、振动疲劳性能、紧密度、平整度、电晕及无线电干扰试验等项目。型式试验应在具有资质的第三方检测机构进行。

导线的试样长度规定如下：

（1）试验用的所有单线试样，应在绞制前选取。当要求进行绞制后单线的试验时，应从成盘或成圈绞线的外端切取 1.5m 长。

（2）导线拉断力试验和应力—应变试验要求的试样长度应为导线直径的 400 倍，且不少于 10m。试样长度是为了保证应力—应变曲线具有良好的精确度而要求的最小长度，假如投标方能证明使用一较短长度试样也能得出相同的精确结果，并且提供有效的相当的试验结果使招标方满意，则允许较短长度的试样。

（3）原辅材料检验。导线的加强芯一般为外购件，包括镀锌钢芯、铝包钢芯、铝包殷钢芯、外购钢绞线等。检测项目如表 3-7 所示。

表 3-7　　　　　　　　　　导线的原辅材料检测项目

试样品种	检测内容	相关要求
加强芯	表面质量	表面不应有目力可见的缺陷，如明显的划痕、压痕等，不应有与良好商品不相称的任何缺陷
	单线直径及公差	符合相应产品和协议规定要求
	外径及节径比	符合相应产品和协议规定要求
	抗拉强度	符合相应产品和协议规定要求
	韧性试验	扭转、卷绕、伸长率符合对应的材料标准要求
	镀锌层试验	锌层重量、连续性、附着性符合相应标准要求
	铝层最小厚度	最小铝层厚度和平均铝层厚度应符合相应标准要求
	电阻率	符合相应产品和协议规定要求

续表

试样品种	检测内容	相关要求
铝锭	表面质量	铝锭应呈银白色、表面应整洁，无较严重的飞边或气孔，允许有轻微的夹渣
	元素分析	Fe、Si、Cu、Mn、V、Ti、Cr、Al 等元素质量比例应符合标准要求

（4）成品导线检验。导线的成品试验的项目依据导线的种类不同而有所差异，导线的成品试验项目如表 3-8 所示。

表 3-8　　　　　　　　　　导线的成品试验项目

试验项目	检测内容	相关要求
外观质量	表面质量	表面不应有目力可见的缺陷，如明显的划痕、压痕等，不应有与良好商品不相称的任何缺陷
导线截面积	导线截面积	任一试样的截面积偏差应不大于标称值的 ±2%，也不应大于任何 4 个测量值的平均值的 ±1.5%，这 4 个测量值是在试样上随意选取的最小间距为 20cm 的位置上测量
导线直径	绞线直径	导线直径应在绞线机上的并线模和牵引轮之间测量，应取在同一圆周上互成直角的位置上的两个读数的平均值，修约到毫米的二位小数
线密度	单位长度质量	导线单位长度质量（不包括涂料）应分别不大于标称值的 -1%～+2%
单线的断裂强度	单线抗拉强度	从绞线上选取的单线，试样应校直且不得拉伸或碰伤试样。断裂负荷应以单线的截面积不小于相应的绞前抗拉强度的 95%（5% 的损失量是由于绞制过程中单线的加工和扭绞造成的）
单线的电阻率	20℃电阻率	铝包钢线、铝及铝合金线的电阻率符合相应标准和技术协议要求
导线结构尺寸	单线根数、导线直径、绞合节径比	成品导线上试验，应符合标准和技术协议要求
绞制工艺	加强芯的接头	绞制过程中，单根或多根镀锌钢线（或铝包钢线）均不应有任何接头
	铝线焊接	铝或铝合金单线允许有接头，接头应与原单线的几何形状一致，例如接头应修光，使其直径等于原单线的直径，而且不应弯折
导线直流电阻	20℃直流电阻	直流电阻应按标准方法测量，20℃直流电阻应符合标准和技术协议要求

试验项目	检测内容	相关要求
力学特殊试验	应力应变	当需方有要求时，提供应力—应变曲线，该曲线为性能资料
	导线拉断力	导线的拉断力试验按标准方法进行，最小拉断力应不小于计算拉断力的95%
	振动疲劳	试件累计振动 3×10^7 次后将悬垂线夹出口处的绞线剥开检查，线股应无断股
	蠕变试验	试验张力推荐采用15%RTS、25%RTS、35%RTS（或40%RTS），亦可根据供需双方协议商定，该曲线为性能资料
结构特殊试验	紧密度测试	导线在承受30%额定拉断力时与不受张力时，其周长的允许减少值不超过2%
	平整度测试	导线在承受50%额定拉断力时，空隙不应超过0.5mm，刀口尺的长度至少应为导线外层节距的2倍
电气特殊试验	电晕及无线电干扰试验	500kV线路用导线应进行电晕及无线电干扰试验，该曲线为性能资料
	载流量试验	载流量的计算公式和其他计算参数取值参照GB 50545的规定进行，试验值为性能资料

3.4.2　检验标准

（1）铝包钢绞线、钢芯铝绞线（含高导）、铝包钢芯铝绞线、铝合金线铝绞线、铝合金绞线圆线绞合导线系列。

导线成品的验收标准按照GB/T 1179—2017《圆线同心绞架空导线》（也可以按照2008年版标准执行）。导线的单线标准性能要求标准如下：

铝及铝合金线：L、L1、L2、L3型硬铝线，符合GB/T 17048—2017；LHA1、LHA2型铝合金线，符合GB/T 23308—2009；LHA3、LHA4型铝合金线，符合NB/T 42042—2014。

架空绞线用镀锌钢线：G1A、G2A、G3A、G4A、G5A型钢线，符合GB/T 3428—2012。

铝包钢线：LB14、LB20A、LB27、LB35、LB40型铝包钢线，符合GB/T 17937—2009。

（2）铝包钢绞线、钢芯铝绞线（含高导）、铝包钢芯铝绞线、铝合金线铝绞线、铝合金绞线型线绞合导线系列。导线成品的验收标准按照GB/T 20141—

2018《型线同心绞架空导线》。导线的单线标准性能要求标准如下：

1）铝及铝合金线：LX 型硬铝线，符合 GB/T 20141—2006；LHA1、LHA2 型铝合金线，符合 GB/T 23308—2009；LHA3、LHA4 型铝合金线，符合 NB/T 42042—2014。

2）架空绞线用镀锌钢线：G1A、G2A、G3A、G4A、G5A 型钢线，符合 GB/T 3428—2012。

3）铝包钢线：LB14、LB20A、LB27、LB35、LB40 型铝包钢线，符合 GB/T 17937—2009。

（3）耐热铝合金绞线、铝包钢芯耐热铝合金绞线系列。导线成品的验收标准按照 NB/T 42060—2015《钢芯耐热铝合金架空导线》。导线的单线标准性能要求标准如下：

1）耐热铝合金线：NRLH1、NRLH2 型最高允许运行温度为 150℃的耐热铝合金线，符合 GB/T 30551—2014。

2）架空绞线用镀锌钢线：G1A、G2A、G3A、G4A、G5A 型钢线，符合 GB/T 3428—2012。

3）铝包钢线：LB14、LB20A、LB27、LB35、LB40 型铝包钢线，符合 GB/T 17937—2009。

（4）导线的试验取样长度。试验用的所有单线试样，应在绞制前选取，绞合导线应由圆硬铝线、圆铝合金线、圆镀锌钢线及圆铝包钢线中之一种或两种单线绞制而成，绞合前的所有单线应符合相应标准中的规定。当要求进行绞制后单线的试验时，应从成盘或成圈绞线的外端切取 1.5m 长。

导线拉断力试验和应力—应变试验要求的试样长度应为导线直径的 400 倍，且不少于 10m。

（5）导线拉断力试验、应力应变试验。

1）当要求进行导线的拉断力试验时，应能承受不小于导线 RTS 的 95%，而且任一单线均不应断裂。

2）如果单线的断裂发生在距离端头 1cm 以内，并且拉断力小于规定的拉断力要求时，则可重新试导线试样的两端应制作适当的端头（如压接、浇注低熔点合金或环氧树脂等）。试验期间，导线的拉断力按当绞线的一根或多根单线发生断裂时的负荷来确定。如果单线的断裂发生在距离端头 1cm 以内，并且拉断力小于规定的拉断力要求时，则可重新试验，最多可试验 3 次。仲裁试验时，应采用低熔点合金或者环氧树脂浇铸端头进行试验确定。

（6）蠕变试验。蠕变试验应按 GB/T 22077—2008 进行试验，试验张力推荐采用 15%RTS、25%RTS、35%RTS（或 40%RTS），也可根据供需双方协议商定。

（7）绞线直流电阻。绞线 20℃时的直流电阻应按 GB/T 3048.4—2007 规定的方法进行测量，试验结果应不大于成品导线标准的规定值。

（8）截面积。导线截面积应是组成钢芯以及所有单线的截面积的总和，任一试样的截面积偏差应不大于计算值的 ±2%，也不应大于任何 4 个直径测量值的平均值的 ±1.5%，这 4 个直径测量值是在试样上随意选取的最小间距为 20cm 的位置上测量。

（9）导线直径。导线直径应在绞线机上的并线模和牵引轮之间测量。导线直径测量应使用可读到 0.01mm 的量具。直径应取在同一圆周上互成直角的位置上的两个读数的平均值，修约到三位有效数字。导线直径的偏差为：直径 10mm 及以上，±1%d；直径 10mm 以下，±0.1mm。

（10）单线的抗拉强度。单线抗拉强度试验应从绞线上选取的单线上进行，试样应校直，操作时不得拉伸或碰伤试样。将校直的单线装在合适的拉力试验机上，逐渐施加负荷。夹头移动速度应不小于 25mm/min，也不大于 100mm/min。断裂负荷除以单线的截面积应不小于相应的绞前抗拉强度的 95%（5% 的损失量是考虑由于绞制过程中单线的加工和扭绞造成的抗拉强度下降）。

（11）电阻率。单线的电阻率应在从绞线上选取的单线上测量，试样应用手工校直，应按 GB/T 3048.2—2007 规定的方法进行测量，试验结果应符合相应单线标准要求，除镀锌钢绞线外，所有镀锌钢线一般不要求测量电阻率。

（12）节径比和绞向。绞线每一层的节径比应为测得的绞合节距与该层外径的比值。

另外应注意每层的绞向，一般导线的最外层绞向应为右向，相邻层方向相反。

3.4.3　典型缺陷

行业内导线在生产制造、物流运输、施工放线等方面的典型问题包括表面氧化发黑、导线腐蚀、放线松股、内端头伸出、盘具破损等典型缺陷，见表 3-9。

表 3-9　　　　　　　　　　导线典型缺陷

缺陷描述	原因分析	示意图	缺陷依据
导线表面氧化发黑	（1）高温高湿环境中存储，湿热蒸汽凝聚在导线表面，造成的铝提前氧化发黑；（2）导线长时间存储，表面淋雨后，内部的雨水散不出去		导线表明不应有目力可见的缺陷，例如明显的划痕、压痕等，并不得有与良好商品不相称的缺陷存在
运输盘具破损	导线运输过程捆绑方式不当，不牢固；导线垫木使用不规范，垫木支撑不足；盘具多次转运，吊装不规范		导线表明不应有目力可见的缺陷，例如明显的划痕、压痕等，并不得有与良好商品不相称的缺陷存在
导线腐蚀	导线存放在有腐蚀性环境中，如化工区域、酸雨或盐碱地区；沿海、腐蚀地区环境影响；导线在海运过程中受到海洋盐分环境影响		导线表明不应有目力可见的缺陷，例如明显的划痕、压痕等，并不得有与良好商品不相称的缺陷存在
导线放线松股	线轴架、张力机、放线滑车、连接器等性能缺陷；牵张场布置、张力大小、滑车悬挂、布线情况等架线工艺缺陷导致		导线表明不应有目力可见的缺陷，例如明显的划痕、压痕等，并不得有与良好商品不相称的缺陷存在
施工内端头伸出	木板未干燥或受雨水浸湿膨胀，后又受到长期曝晒木板收缩，导致盘具侧板有松动；运输的颠簸紧固螺丝有轻微的松动；施工展放时尾车放线张力太大，外层缆被拉挤进内层或侧板缝隙中		导线表明不应有目力可见的缺陷，例如明显的划痕、压痕等，并不得有与良好商品不相称的缺陷存在

3.4.4　缺陷处置

针对表面氧化发黑、导线腐蚀、放线松股、内端头伸出、盘具破损等典型缺陷，处置及预防措施如表 3-10 所示。

表 3-10   典型缺陷处置及预防措施

问题描述	处置措施	预防措施
导线表面氧化发黑	根据行业技术研究，铝线通电后即会氧化发黑，不影响性能使用	（1）包装方式优化：由外封改为内封，封板更贴近导线表面，有效防止导线受潮；（2）包装材料调整：取消内包聚乙烯薄膜，直接使用竹席对导线表面防护
运输盘具破损	（1）盘具变形：收紧螺母，将变形的钢架复位并矫正收紧；（2）盘具断裂：断裂的部位焊接复位，并将变形区进行矫正；（3）导线损伤：根据轻微、中度、严重损伤程度，对应采取修补措施	根据不同运输路况和工程需求，对应选择盘具包装、垫木和运输方式，满足各种环境运输和客户装卸条件的需要。避免导线的二次转运和装卸
导线腐蚀	将腐蚀部位进行切除，用接续管进行导线的修补接续	避免导线在具有腐蚀环境中进行存储和应用，腐蚀严重的地区可采用涂油导线，减轻腐蚀
导线放线松股	松股轻微的可通过缠绕修复；严重的可剪断铝线，用修补条覆盖修补	规范放线过程的放线角度，滑车的悬挂按照标准规范执行
施工内端头伸出	将伸出的内端头进行剪除，同时将松散的盘具进行紧固	导线长时间存储，盘具缩水松散，放线前，需对盘具进行全面检查，并重新紧固盘具

3.5 到 货 验 收

3.5.1 验收项目

导线的到货验收一般包括外观验收、产品性能验收、特殊性能验收。验收项目如表 3-11 所示。

表 3-11   导线产品到货验收项目

验收分类	验收项目	相关要求
外观验收	盘具质量	肉眼检查盘具表面质量、应无虫蛀或发霉现象；盘具尺寸应符合合同及技术协议要求，盘具角铁焊接均匀牢靠、无锈蚀，结构稳定
	盘具标识	导线盘具应有合格证、盘号、推进方向等必要的标识
	导线固定	导线内外端头均应采用卡箍锁紧，并固定在盘具上
	导线外观	导线在切断后，端部不允许松散

续表

验收分类	验收项目	相关要求
产品性能验收	表面质量	表面不应有目力可见的缺陷，如明显的划痕、压痕等，不应有与良好商品不相称的任何缺陷
	节径比	导线的绞合方向和节径比应符合标准及技术协议规定要求
	外径	导线外径应符合标准和技术协议要求，不得出现松股现象
	单位长度质量	导线的单位长度质量应符合标准及技术协议规定
特殊性能验收	导线拉断力	导线采用金具压接方式，压接距离不得小于标准规定值，在卧式拉力机上试验，拉力的最小值应不小于导线额定拉力的 95%
其他验收	金具适配性	导线与金具的适配性主要是指导线和耐张线夹以及接续管的尺寸和性能适配，采用尺寸匹配试装和拉断力检验，安装了耐张线夹或接续管的导线的拉力的最小值应不小于导线额定拉力的 95%

3.5.2　验收标准

（1）铝包钢绞线、钢芯铝绞线（含高导）、铝包钢芯铝绞线、铝合金线铝绞线、铝合金绞线圆线绞合导线系列。导线成品的验收标准按照 GB/T 1179—2017《圆线同心绞架空导线》（也可以按照 2008 年版标准执行）。

（2）铝包钢绞线、钢芯铝绞线（含高导）、铝包钢芯铝绞线、铝合金线铝绞线、铝合金绞线型线绞合导线系列。导线成品的验收标准按照 GB/T 20141—2018《型线同心绞架空导线》。

（3）耐热铝合金绞线、铝包钢芯耐热铝合金绞线系列。导线成品的验收标准按照 NB/T 42060—2015《钢芯耐热铝合金架空导线》。

章后导练

基础演练

1. 架空导线按照材料、结构区分，有哪些种类？

2. 钢芯铝绞线、铝包钢芯铝绞线、钢芯耐热铝合金绞线的主要原材料分别是什么？

3. 导线的主要生产流程有哪些？钢芯铝绞线和钢芯耐热铝合金绞线的生产工序有什么区别？

4. 成品导线、导线主要原材料的主要检验项目及参考标准是什么？

提高演练

1. 从导线原材料选择因素考虑，如何提高导线的破断力？

2. 从导线原材料选择因素考虑，如何降低导线的电阻？

3. 相同结构的钢芯铝绞线和铝包钢芯铝绞线的性能差异有哪些？

4. 相同结构的钢芯铝绞线和钢芯耐热铝合金绞线的性能差异有哪些？

5. 非标准结构的导线的单位长度重量、直流电阻、破断力如何计算？

6. 导线特殊试验的取样，如何截取长度？

案例分享

特高压和超高压工程项目，对于架空导线的选型有多种因素需要考虑，例如特殊工况导线选型、导线节能化、最佳经济性要求等，需要选用不同的导线。

常见的有重覆冰、大跨越、高海拔等特殊工况的导线品种：重覆冰地区需要导线拉断力较大、外径较小、拉力重量比较大，一般选用铝包钢芯铝合金绞线、钢芯铝合金型线绞线等；大跨越导线需要导线拉断力很大、拉力重量比很大，一般选用高强度钢芯铝合金绞线、高强度铝包钢芯铝合金绞线、高强度钢芯高强度耐热铝合金绞线等；高海拔地区需要导线的外径较大，一般选用大截面的钢芯铝绞线、疏绞式扩径导线。

高压输电线路传输距离通常较长，导线的电阻将影响输电线路的传输损耗，需选用电阻更小的导线，例如铝包钢芯铝绞线、铝包钢芯高导电率铝绞线、铝合金线铝绞线等，以上导线品种的电阻会低于常用的钢芯铝绞线。

输电线路选用的导线是否具备最佳经济性，主要需考虑输电线路安全的前提下，综合导线、杆塔及基础的初始成本、常年运行时的损耗费用、建设投资的的费用最小，一般采用最小年费用法判定。通常的设计边界条件计算认为，500kV 及以上输电线路由于年损耗小时数较大，采用电阻较小的节能导线为优，例如铝包钢芯铝绞线、铝合金线铝绞线等品种；特高压接地极线路由于年利用小时数较小，宜采用载流容量裕度截面较小的耐热铝合金导线，例如钢芯耐热铝绞线、铝包钢芯耐热铝合金绞线等。

导读

架空地线是架空高压输电线路中的重要组成部分，主要起避雷、分流等作用，按照结构中是否含有光纤可分为普通地线和光纤复合架空地线（OPGW），其中普通地线主要有铝包钢绞线和镀锌钢绞线。本章从生产制造的角度出发，介绍地线生产准备、制造工艺、包装及运输、检验、到货验收五个方面的相关内容。

重难点

（1）重点：介绍地线的制造工艺，按照铝包钢绞线、镀锌钢绞线、OPGW类别介绍生产准备（主要是原材料准备）、制造工艺、包装及运输等内容。

（2）难点：在验收标准的理解，按照铝包钢绞线、镀锌钢绞线、OPGW类别介绍检验、到货验收，体现不同产品的差异化验收标准、缺陷处置。

重难点	包含内容	具体内容	地线		
			铝包钢绞线	镀锌钢绞线	OPGW
重点	制造工艺	1. 生产准备	盘条、铝杆	盘条、锌锭	光纤、纤膏、不锈钢带、铝包钢线、铝合金线、防腐缆膏
		2. 制造工艺	预拉、热处理、连续挤压包覆、双金属同步拉拔、绞合	酸洗、热镀锌	光纤打环着色、光纤单元、成缆
难点	验收标准	1. 检验 2. 到货验收	GB/T 1179	GB/T 1179	DL/T 832

第4章 地　　　线

架空地线是架设在输电线路上方，为避免输电线路遭受直接雷击而铺设的线路，可称为避雷线或地线，是高压输电线路中的重要组成部分。目前主要的架空地线有铝包钢绞线、镀锌钢绞线和光纤复合架空地线。

输电线路架空地线运用实践表明，架空地线能有效防止雷电直击输电导线；当雷击输电线路杆塔时，架空地线能起到分流作用，减小杆塔塔顶电位，防止雷电反击；当雷击输电线路附近大地时，架空地线能起到屏蔽作用，降低输电导线上的感应雷过电压。此外，OPGW除具有普通地线的功能外，还具有电力通信、数据采集与监视控制等功能。

4.1　生　产　准　备

常用的架空地线主要有铝包钢绞线、镀锌钢绞线、OPGW，产品制造前的准备工作有原材料准备、技术规范文件准备、生产机台和人员的准备。原材料准备主要是依据相关标准或采购技术规范开展原材料的采购、入厂检验、产前自检。技术规范文件准备主要是依据招投标文件、合同文件转化为可指导生产执行的工艺方案或工艺卡，新结构必要时需要开展样品的试制、检验，并委托第三方开展型式试验，所有的准备工作完成后方可批量投产。以下主要介绍关键原材料的准备。

4.1.1　铝包钢绞线

铝包钢绞线由铝包钢单线绞合而成，铝包钢单线主要生产原材料包括高碳钢盘条（见图4-1）、电工圆铝杆（见图4-2）。

（1）高碳钢盘条。铝包钢线用高碳钢盘条，常用的牌号有72、82、87等，盘条按锰（Mn）含量高低不同分为A级和B级，盘条牌号及化学成分见表4-1，

常用的盘条直径为 ϕ5.5、ϕ6.5、ϕ7.0mm。

图 4-1　高碳钢盘条

图 4-2　电工圆铝杆

高碳钢盘条现有可参考标准主要有《优质碳素结构钢》（GB/T 699）、《热轧圆盘条尺寸、外形、重量及允许偏差》（GB/T 14981）、《优质碳素热轧盘条》（GB/T 4354）等，也可以根据盘条的供需双方协议执行。

表 4-1　　　　　　常用的高碳钢盘条牌号及化学成分（熔炼成分）

成分牌号	等级	化学成分（质量分数）（%）				
		C	Si	Mn	P	S
60	—	0.57～0.65	0.17～0.37	0.50～0.80	≤0.020	≤0.020
65	—	0.62～0.70	0.17～0.37	0.50～0.80	≤0.020	≤0.020
72	A	0.69～0.75	0.15～0.35	0.30～0.60	≤0.020	≤0.020
	B	0.69～0.75	0.15～0.35	0.60～0.90	≤0.020	≤0.020
82	A	0.79～0.85	0.15～0.35	0.30～0.60	≤0.020	≤0.020
	B	0.79～0.85	0.15～0.35	0.60～0.90	≤0.020	≤0.020
87	A	0.84～0.90	0.15～0.35	0.30～0.60	≤0.020	≤0.020
	B	0.84～0.90	0.15～0.35	0.60～0.90	≤0.020	≤0.020

高碳钢盘条表面应光滑，不应有裂纹、折叠、结疤、耳子等缺陷，允许有压痕及局部的凸块、凹坑、划痕、麻面，但其深度或高度应不大于0.10mm。每盘高碳钢盘条在生产前需要仔细检查表面质量，抽检机械性能。自然时效后的抗拉强度、伸长率要求见表 4-2，若盘条供方可保证产品性能符合铝包钢线的力学性能，也可采用热检数据，性能要求由供需双方协商确定。

表 4-2 盘条自然时效后的抗拉强度、伸长率要求

牌号	等级	抗拉强度（MPa）	A_{200} 断后伸长率（%）
60	—	≥675	≥7.5
65	—	≥695	≥7.5
72	A	≥920	≥7.5
	B	≥950	≥7.5
82	A	≥1090	≥7.0
	B	≥1110	≥7.0
87	A	≥1180	≥7.0
	B	≥1200	≥7.0

（2）铝杆。铝包钢线用圆铝杆，常用规格为 ϕ9.5mm，主要参考标准有 GB/T 3954。生产前应检查每卷铝杆的表面质量及性能，要求铝杆圆整、尺寸均匀、表面应清洁；不应有摺边、错圆、夹杂物、扭结等缺陷；单卷铝杆成圈整齐，不应有乱头。铝杆在使用前需进行性能检测，检测合格后方可使用。铝杆性能要求如下：

1）不圆度≤0.4。

2）抗拉强度≤105 MPa。

3）断裂伸长率≥14%。

4）电阻率≤28.01nΩ·m（20℃）。

5）铝含量不低于 99.5%。

4.1.2 镀锌钢绞线

镀锌钢绞线由镀锌钢单线绞合而成，镀锌钢线主要生产原材料包括中高碳钢盘条、锌锭。

（1）中高碳钢盘条。镀锌钢线用盘条主要以 60、65、72、82、87 等牌号为主，常用的规格为 ϕ5.5、ϕ6.5、ϕ7.0mm 等。

（2）锌锭。镀锌钢线用锌锭主要用蒸馏法、精馏法或电解法生产的锌锭（见图 4-3），参考标准为 GB/T 470。在热镀锌生产中一般采用 Zn99.995 和 Zn99.99 这两种牌号的锌锭作为原材料。

锌锭牌号及化学成分应符合表 4-3 的规定。锌锭表面不允许有溶洞、缩

孔、夹层、浮渣及外来夹杂物，但允许有自然氧化膜。

图 4-3　锌锭

表 4-3　　　　　　　　　锌锭牌号及化学成分（熔炼成分）

牌号	化学成分（质量分数）（%）							
	Zn ≥	杂质，≤						
		Pd	Cd	Fe	Cu	Sn	Al	总和
Zn99.995	99.995	0.003	0.002	0.001	0.001	0.001	0.001	0.005
Zn99.99	99.99	0.005	0.003	0.003	0.002	0.001	0.002	0.01
Zn99.95	99.95	0.030	0.01	0.02	0.002	0.001	0.01	0.05
Zn99.5	99.5	0.45	0.01	0.05	—	—	—	0.5
Zn98.5	98.5	1.4	0.01	0.05	—	—	—	1.5

4.1.3　OPGW

OPGW 按照结构形式可分为中心管式、层绞式，国内中心管式以中心钢管式为主。OPGW 结构组成单元包括光纤（见图 4-4）、纤膏、不锈钢带、铝包钢线、铝合金线（若有）、防腐缆膏（若有）等。OPGW 的核心元部件是光纤单元，主要由光纤和保护材料构成，光纤单元既能容纳光纤，又能保护光纤免受环境变化、外力、长期与短期的热效应、潮气等原因引起的损坏。

（1）光纤。光纤也叫光导纤维，是一种折射率按指数分布的介质圆柱体，通常由纤芯—包层组成。

图 4-4　光纤

光纤按照传输模式可分为单模光纤和多模光纤两种，只能传输一个模式的光纤称为单模光纤，能够传输多个模式的光纤称为多模光纤。OPGW 光缆中通常采用的是单模光纤，基本类型见表 4-4。

表 4-4　　　　　　　　　　　　常用光纤基本类型

IEC 标准	ITU-T 标准	名　称	材料
A1a	OM2	渐变型多模光纤（芯径 50μm）	
A1b	OM1	渐变型多模光纤（芯径 62.5μm）	
B1.1	G.652A、G.652B	非色散位移单模光纤	
B1.3	G.652C、G.652D	波长段扩展的非色散位移单模光纤	二氧化硅
B1.2	G.654	超低损耗大有效面积光纤	
B4	G.655A、G.655B、G.655C、G.655D、G.655E	非零色散位移单模光纤	
B6	G.657	弯曲不敏感单模光纤	

目前 OPGW 主要以 G.652D 光纤为主，但随着特高压线路向着大跨区、长距离、大容量的推进，部分架空线路已逐渐使用 B1.1（ULL-G.652B）超低损耗型光纤和 B1.2（G.654E）超低损耗大有效面积型光纤，常用光纤性能要求及几何参数见表 4-5。生产前需要对每一盘裸光纤均进行衰减测试，合格后才能流转至下道工序生产。

表 4-5　　　　　　　　　　　　常用光纤性能要求及几何参数

特性	详情	单位	要求值	要求值	要求值	要求值
光纤类型	—	—	G.652D	G.655	ULL-G.652B	G.654E

特性	详情	单位	要求值	要求值	要求值	要求值
衰减	1310nm 衰减系数值（裸纤）	dB/km	≤0.33	—	≤0.30	—
	1550nm 衰减系数值（裸纤）	dB/km	≤0.19	≤0.20	≤0.165	≤0.158
	（1285～1330）nm 范围内衰减系数值相对 1310nm 的衰减值	dB/km	≤0.04		≤0.04	—
	（1525～1575）nm 范围内衰减系数值相对 1550nm 的衰减系数值	dB/km	≤0.03		≤0.03	≤0.02
模场直径	1310nm 模场直径	μm	9.2±0.4	—	9.2±0.5	—
	1550nm 模场直径	μm	10.4±0.5	9.6±0.4	10.5±0.4	12.5±0.5
截止波长	光缆截止波长（λ_{cc}）	nm	≤1260	≤1450	≤1260	≤1520
色散	（1288～1339）nm 色散系数绝对值	ps/(nm·km)	≤3.5	—	≤3.5	—
	（1271～1360）nm 色散系数绝对值	ps/(nm·km)	≤5.3	—	≤5.3	—
	1550nm 色散系数绝对值	ps/(nm·km)	≤17	—	≤17	≤22
	零色散波长	nm	1300～1322	—	1300～1322	≤1300
	零色散斜率	ps/(nm²·km)	≤0.092	—	≤0.093	≤0.07
	未成缆光纤链路 PMD_Q 系数	ps$\sqrt{km}$ /	≤0.2	≤0.2	≤0.1	≤0.1
光纤几何特性	包层直径	μm	125±0.7	125±0.7	125±0.7	125.0±1.0
	芯/包层同心度误差	μm	≤0.5	≤0.5	≤0.5	≤0.6
	包层不圆度	%	≤0.8	≤1.0	≤0.8	≤1.0
	涂覆层直径	μm	245±5	245±5	245±5	247±8
	包层/涂层同心度误差	μm	≤12	≤12	≤12	≤12

（2）纤膏。纤膏（见图 4-5）是在光纤单元中用来保护光纤免受水汽、冲击等功能，起阻水作用的部件。一般的，纤膏性能应符合 YD/T 839.2 的规定，在特殊环境地区，其性能应满足相关特定要求。纤膏主要技术指标有闪点、滴

点、锥入度、黏度、氧化诱导期、吸氢量，每批次纤膏在使用前需要检测纤膏的滴点、抗水性、闪点、氧化诱导期、锥入度指标。

图 4-5　纤膏

图 4-6　不锈钢带

（3）不锈钢带。不锈钢带（见图 4-6）是光纤单元的主要材料，常用牌号为 304、316L，不锈钢带主要关注抗拉强度、平整度、厚度、化学成分等指标，不锈钢带性能要求详见表 4-6。

表 4-6　　　　　　　　　　常用的不锈钢带性能要求

检验项目		单位	要求		试验标准及方法
外观		—	表面清洁、无腐蚀、无斑痕、无皱纹、卷端面、无卷边缺口、毛刺、脏污和机械损伤等缺陷		目测
厚度		mm	厚度	误差	GB/T 3280
			0.18	±0.01	
			0.20	±0.01	
			0.25	±0.01	
			≥0.30	±0.02	
宽度		mm	±0.10		
SUS304	抗拉强度	MPa	≥515		
	延伸率	%	≥40		
	屈服强度	MPa		≥205	
SUS316L	抗拉强度	MPa		≥485	
	延伸率	%		≥40	
	屈服强度	MPa		≥180	

（4）铝包钢线。铝包钢线（见图 4-7）是由一根圆钢芯外包一层均匀连续的铝层构成的圆线。

图 4-7　铝包钢线

铝包钢线主要有几何参数、物理机械、电气三种性能：

1）几何参数：外径、铝层最小厚度；

2）物理机械参数：抗拉强度、1% 伸长应力、扭转；

3）电气性能：电阻率。

常用规格：14%IACS、20%IACS、27%IACS、30%IACS、35%IACS、40%IACS，主要性能要求见表 4-7，若需要用到高强度铝包钢线，可参考相关团标 CEEIA 430—2020。

表 4-7　　　　　　　GB/T 17937 常用的铝包钢线性能要求

序号	导电率	电阻率（nΩ·m）	标称直径（mm）	抗拉强度（MPa）	1% 伸长时的应力（MPa）	伸长率	扭转	最小铝层厚度（mm）
1	14%AS	123.15	2.25 < d≤3.00	1590	1410	断时≥1.5% 或断后≥1.0%	≥20 圈	5% 铝包钢线标称半径
			3.00 < d≤3.50	1550	1380			
			3.50 < d≤4.75	1520	1340			
			4.75 < d≤5.50	1500	1270			
2	20.3%AS	84.80	1.24 < d≤3.25	1340	1200			1.8mm 以下：8% 铝包钢线标称半径
			3.25 < d≤3.45	1310	1180			
			3.45 < d≤3.65	1270	1140			
			3.65 < d≤3.95	1250	1100			

续表

序号	导电率	电阻率（nΩ·m）	标称直径（mm）	抗拉强度（MPa）	1%伸长时的应力（MPa）	伸长率	扭转	最小铝层厚度（mm）
2	20.3%AS	84.80	3.95 < d ≤ 4.10	1210	1100	断时≥1.5%或断后≥1.0%	≥20圈	1.8mm以上：10%铝包钢线标称半径
			4.10 < d ≤ 4.40	1180	1070			
			4.40 < d ≤ 4.60	1140	1030			
			4.60 < d ≤ 4.75	1100	1000			
3	23%AS	74.97	2.50 < d ≤ 5.00	1220	980			11%铝包钢线标称半径
4	27%AS	63.86	2.50 < d ≤ 5.00	1080	800			14%铝包钢线标称半径
5	30%AS	57.47	2.50 < d ≤ 5.00	880	650			15%铝包钢线标称半径
6	35%AS	49.26	2.50 < d ≤ 5.00	810	590			20%铝包钢线标称半径
7	40%AS	43.10	2.50 < d ≤ 5.00	680	500			25%铝包钢线标称半径

（5）铝合金线。铝合金线主要是用来承担 OPGW 的电性能，设计时也考虑部分机械强度，铝合金线主要有几何参数、物理机械、电气三种性能：

1）几何参数：外径；

2）机械性能：抗拉强度、卷绕；

3）电气性能：20℃时电阻率。

（6）防腐缆膏。防腐缆膏（见图 4-8），主要是用来减缓 OPGW 受环境腐

图 4-8　防腐缆膏

蚀的影响，一般根据客户使用环境要求或者技术协议来添加，主要的参考标准为 GB/T 36292、IEC 61394。每批次防腐缆膏使用前应检测滴点、闪点、锥入度等指标。

4.2 制 造 工 艺

铝包钢绞线、镀锌钢绞线、OPGW 是当前主要的三类架空地线，其产品制造工序既有共性部分也有不同部分，绞合工序基本类似，OPGW 绞合仅仅是将其中 1 根或多根铝包钢线替换为光纤单元。铝包钢线既是铝包钢绞线又是 OPGW 的原材料。

铝包钢线主要包括预拉、热处理、连续挤压包覆、双金属同步变形拉拔工艺过程。镀锌钢线主要包括酸洗、连续拉拔、热处理（高强度镀锌钢线有热处理工序）、镀锌工艺过程，镀锌钢线的连续拉拔、热处理与铝包钢线工艺基本类似。

4.2.1 铝包钢绞线

铝包钢绞线的详细制造工艺流程如图 4-9 所示，此处主要阐述预拉、热处理、连续挤压包覆、双金属同步变形拉拔、绞合工艺过程。

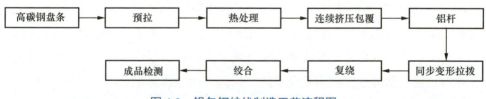

图 4-9 铝包钢绞线制造工艺流程图

（1）预拉工艺。

1）预拉工序的工艺流程。预拉工序的主要工艺流程为：盘条放线→去氧化皮→多道次拉拔→收线。预拉是将粗截面盘条通过模孔拉制成所需尺寸的钢丝。钢丝尺寸、表面质量需要逐卷检测。

2）预拉钢丝的质量控制要求。经多道次拉拔后钢丝线径及公差应符合工艺技术要求，且不能有明显的刮伤、拉毛等表面缺陷。预拉工序的常见缺陷、原因及改进措施如表 4-8 所示。

表 4-8   预拉工序常见缺陷、原因及改进措施

序号	常见缺陷	原因	改进措施
1	线径超差	模具磨损	更换拉丝模具
2	椭圆度超差	模具磨损，或钢丝氧化皮未去除干净	更换拉丝模具，检查钢丝打磨情况
3	表面拉毛	模具光洁度差，或钢丝去锈不彻底，润滑不良，造成线条状划痕	更换拉丝模具，改善润滑
4	表面有锈皮、锈斑	原料锈蚀严重，拉拔前预处理不好	开启打磨设备或离线清理钢丝表面
5	表面结疤	盘条氧化皮去除不干净或盘条有结疤或翘皮	开启打磨设备或离线清理钢丝表面，盘条结疤需要反馈供应商整改
6	拉拔过程断线	需要结合断口具体分析	需要结合断口具体分析

（2）热处理工艺。

1）热处理工序的工艺流程。热处理工序的主要工艺流程为钢丝放线→表面清洗→热处理炉→铅浴淬火→除铅→表面清洗→烘干→收线。钢丝显微组织转化的过程为：珠光体→奥氏体→索氏体。

钢丝加热、铅浴淬火合起来称之为索氏体化处理，加热是将钢丝加热到奥氏体化温度以上以获得均匀细化的奥氏体组织，为后续钢丝铅浴淬火提供基础。铅浴是将奥氏体化的钢丝在铅液中冷却，转化成均匀细化的索氏体组织。均匀的索氏体组织在后续拉拔过程中不仅强度高而且塑韧性好。

2）热处理钢丝的质量控制要求。连续热处理的核心参数为"三温一速"，即加热温度、保温温度、铅温温度、走线速度。合理的工艺参数可确保钢丝索氏体化率、片层间距、晶粒度和力学性能，为后续铝包钢线拉拔提供较好的强度和塑韧性。热处理工序的常见缺陷、原因及改进措施如表 4-9 所示。

表 4-9   热处理工序的常见缺陷、原因及改进措施

序号	常见缺陷	原因	改进措施
1	过热	加热温度过高或在加热炉内滞留时间过长	采用正火补救
2	过烧	加热温度过高奥氏体晶粒粗大，晶界处被氧化；或在晶界处的一些低熔点相发生熔化	报废处理。需严格按工艺规程控制钢丝加热温度，并经常检查热工仪表，控制炉温稳定
3	脱碳超标	炉中 CO_2、H_2O、O_2 和 H_2 等能与钢中表层的碳反应，形成 CO 气体	钢丝进炉前要烘干；调节"空燃比"避免炉内氧化性气氛过高；合理控制钢丝加热温度

续表

序号	常见缺陷	原因	改进措施
4	断线	钢丝行走不畅，卡线	检查钢丝是否走在导轮导槽中，磨损严重的导轮导槽及时更换
5	钢丝挂铅	钢丝表面拉丝粉末清理干净、炉内气氛过氧化	及时更换炉前清洗水；均热段采用还原气氛
6	钢丝性能不合格	炉内钢丝交错，工艺参数错误	理顺炉内钢丝防止靠线；核对工艺制程参数

　　热处理钢丝需要逐卷检测抗拉强度、面缩率、伸长率，有条件的情况下可以定期抽检热处理钢丝的显微组织情况。钢丝拉伸断口及分析如表 4-10 所示，钢丝的常见金相组织及分析如表 4-11 所示。

表 4-10　　　　　　　　　　钢丝拉伸断口及分析

序号	图示	图注
1	 	最佳的钢丝拉伸断口形态，典型的断口缩颈，最佳的组织转化
2	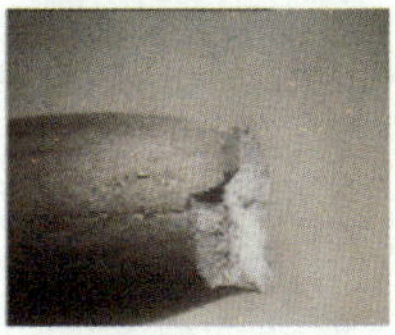 	钢丝拉伸断口形态基本正常，组织转化欠佳
3	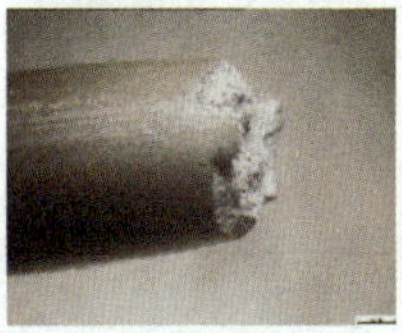 	钢丝断口没有拉伸后形成的缩颈，面缩率不合格，组织转化较差

表 4-11　　　　　　　　　　钢丝的常见金相组织及分析

序号	图示	图注	序号	图示	图注
1		钢丝主要为先共析铁素体＋索氏体组织，正常组织	2		钢丝主要为先共析渗碳体＋索氏体组织，正常组织

续表

序号	图示	图注	序号	图示	图注
3		钢丝过烧组织，异常组织	5		钢丝心部上贝氏体组织，异常组织
4		钢丝表面马氏体组织，异常组织	6		钢丝表面脱碳层偏厚，异常组织

（3）连续挤压包覆。

1）包覆工序的工艺流程。连续挤压包覆的主要工艺流程如下：

a．铝杆放线→铝杆校直→铝杆清洗（若有）；

b．连续挤压包覆→冷却→牵引→收线；

c．钢丝放线→校直→表面处理→感应加热。

连续挤压包覆原理图如图 4-10 所示，两根铝杆沿挤压轮槽以及靠轮旋转产生的牵引和摩擦力进入挤压模腔，通过模腔本身的温度和摩擦产生的热量，使得铝杆在模腔中形成半熔融状态同时通过钢丝两侧，在挤压力和牵引力的作用下与钢丝复合，一起被挤出模孔形成铝包钢母线，如图 4-11 所示。

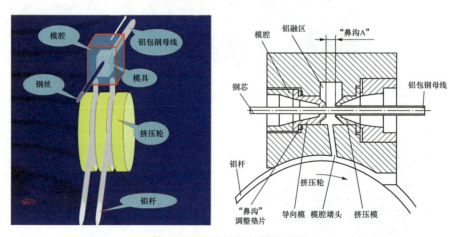

图 4-10　连续挤压包覆原理图

106

图 4-11　铝包钢母线

2）包覆母线的质量控制要求。连续包覆是通过工艺参数的合理设置实现铝层均匀覆盖在钢丝表面，呈现一种良好的冶金结合，包覆后母线线径、椭圆度、电气性能应符合相关标准的要求。铝包钢包覆工序常见缺陷、原因及改进措施如表 4-12 所示。

表 4-12　　　　　　　　　包覆工序的常见缺陷、原因及改进措施

序号	常见缺陷	原因	改进措施
1	线径超差	模具规格不匹配	重新复核模具尺寸规格
2	线径椭圆	模具磨损严重	更换模具
3	表面气泡	钢丝表面残留油渍或水渍	检查清洗系统和吹干装置是否完好
4	表面抽槽	工装模具温度偏高，包覆模出口处黏铝，划伤线材	检查工装冷却系统是否正常工作
5	表面露钢	工艺参数不匹配，钢丝、铝杆表面不清洁	对照工艺卡要求检查工艺参数设置，检查钢丝铝杆表面清洁质量
6	结合力差	钢丝表面不清洁，工装模具间隙设定不合理	对照工艺卡要求检查工艺参数设置，检查钢丝铝杆表面清洁质量

（4）双金属同步拉拔工艺。

1）双金属同步拉拔工序的工艺流程。双金属同步拉拔工序的主要工艺流程为铝包钢母线放线→多道次同步变形拉拔→收线。由于钢和铝的强度、硬度以及钢－铝所占的截面积不同，拉拔时要使外层的铝和心部的钢芯同时延伸变形，使用传统的拉丝模是无法实现的。这是因为在变形区内，模壁对铝包钢线的压力在没有达到钢芯的屈服极限以前，压力沿轴向产生的摩擦力就会使铝包

覆层剥离、堆积，造成断线使得拉拔中断，为实现铝包钢线的连续拉拔，目前行业内主要采用压力模、拉丝模组合拉拔工艺，组合拉拔铝包铜线原理如图 4-12 所示。

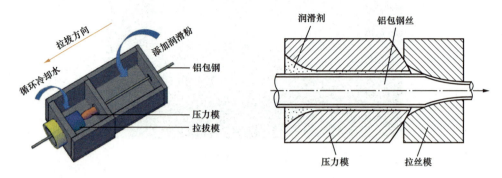

图 4-12　压力模具与拉丝模具组合拉拔铝包钢线原理

2）拉丝工序的质量控制要求。拉拔后铝包钢线表面应光洁，不应有可能影响产品使用的刮伤、拉毛、抽槽等缺陷。铝包钢拉丝工序常见缺陷、原因及改进措施如表 4-13 所示。

表 4-13　铝包钢拉丝工序的常见缺陷、原因及改进措施

序号	常见缺陷	原因	改进措施
1	线径超差	模具磨损	更换新模具
2	刮伤	导轮、导辊磨损或刮线	更换或修复导轮、导辊
3	拉毛	拉拔润滑不良导致	检查润滑粉是否充足，增加拉丝粉夹强制润滑
4	麻点	滚筒表面不光滑或温度过高粘铝	滚筒修复或更换，检查内壁冷却情况
5	抽槽	模具内孔不光滑	更换模具
6	竹节	包覆结合力差，或拉拔工艺不当	提高包覆结合力，重新调整拉拔配模工艺
7	断线	产生的原因较多，有材料缺陷、工艺配模不当、设备同步性等问题，需要结合断线样品具体分析	需要结合断线样品具体分析后提出改进措施

（5）绞线工艺。

1）绞线工序工艺流程。绞线工序的主要工艺流程为：放线→预成型调试→绞合→校直→计米→牵引→收线。铝包钢绞线是采用等线径单丝同心绞合而成，如图 4-13 所示，常见的结构形式见表 4-14。

图 4-13　铝包钢绞线

表 4-14　　　　　　　　　　　铝包钢绞线常见的结构形式

单线根数	结构型式	外径比（D/d）
3	3	2.154
7	1+6	3
19	1+6+12	5
37	1+6+12+18	7
61	1+6+12+18+24	9

2）绞合工艺。按照绞合设备可分为管式绞线机和笼式绞线机，绞合设备的组成部分主要有放线架、绞笼、预成型装置、并线模、校直装置、计米、牵引、排线装置、收线架。其中预成型装置由成型圆盘和成型轮组成，成型圆盘有三个，一大两小，预扭轮要求光洁平整，且转动灵活。

绞线的基本工艺要求：

a. 基本结构是中心放一根铝包钢线，每层单线均匀紧密地绞合在下层中心线芯或内绞层上。国内一般要求最外层右向绞合，多层绞合时每层绞合的方向相反。

b. 多层铝包钢绞线中，任何外层的节径比应不大于相邻内径的节径比。

c. 绞合后所有铝包钢线应自然地处于各自的位置，切断时，各线端应保持原位或容易用手复原。

3）绞合工序的质量控制要求。铝包钢绞线的主要参数有绞合外径、绞合节距、节径比、绞线单位重量、直流电阻、拉断力。成品铝包钢绞线外观应光滑，不允许有刮伤、碰伤等，尺寸以及参数应符合 GB/T 1179 的规定。铝包钢绞线工序的常见缺陷、原因分析及改进措施见表 4-15。

表 4-15　　　铝包钢绞线工序的常见缺陷、原因分析及改进措施

序号	常见缺陷	原因分析	改进措施
1	绞线松股	节距过大、成型过深、单线张力松、胶木模具的孔径大、胶木模具与成型盘间的距离过短	在工艺允许范围内，适当调小节距，调浅成型，检查单线张力，调整并线模具规格
2	绞线散股	节距过小、成型过浅	在工艺允许范围内，调大节距，成型加深
3	单线刮伤	钨钢模（瓷管）、成型轮的磨损或成型轮转动不灵活、磨损导致	更换相关过线模具或轮子
4	绞线蛇形	放线张力不均、绞线单丝严重打扭、矫直轮深度不一致	检查皮带是否磨损、弹簧是否松弛、盘具是否转动灵活；调整拉丝单丝平整度；调整矫直轮深度
5	绞线麻花	一般发生在牵引故障、断电的情况下，在短时间内牵引停止，绞体因惯性继续转动，绞线不前移，产生"麻花"状绞线	改段长处理，开机前需要检查确认设备状况；对绞合牵引设备保护参数优化
6	单线跳线	并线模具的尺寸过大，单线张力不均匀	单线张力调整，更换并线模具

4.2.2　镀锌钢绞线

镀锌钢绞线详细制造工艺流程为盘条→酸洗→连续拉拔→热处理（若有）→热镀锌→绞合→成品检测，此处重点阐述酸洗、热镀锌工艺过程。

（1）酸洗工艺。酸洗是对盘条进行表面处理，去除盘条表面的氧化皮，并且赋予盘条表面涂层，以提高钢丝表面的耐磨损及抗腐蚀能力。

（2）热镀锌工艺。热镀锌工艺流程为工字轮放线→矫直→超声波水洗→热水洗→脱脂处理→热水洗→无烟酸洗→水清洗→助镀→烘干→热镀锌→抹拭→风冷→水冷→锌层检测→工字轮收线，以下重点阐述脱脂处理、酸洗处理、助镀处理、烘干处理、热浸镀处理、抹拭处理工艺过程。

1）脱脂处理。盘条经过酸洗和拉拔后表面不可避免地会残留有油污、润滑剂、磷化膜等，磷化膜、润滑油脂的存在影响了钢丝的酸洗质量，目前主要采用超声波、化学法集成的方式进行清洗。

2）酸洗处理。酸洗常用的盐酸对 Fe_2O_3 和 Fe_3O_4 的溶解作用并不大，主要是其与铁基之间的 FeO 先被溶解，使得 Fe_2O_3、Fe_3O_4 失去附着力而脱落。

3）助镀处理。助镀处理是帮助钢丝基体和锌结合的一个工序，它的好坏不仅影响镀层质量，还对锌的损耗有着较大影响。助镀能够清洁钢丝表面的 Fe_2Cl、氧化物及其他杂质，使钢丝在进入锌液时有最大的表面活性。净化后的钢丝浸入锌液，使钢丝和锌液快速浸润并发生扩散反应，在钢丝表面形成一层盐膜，起到活化作用。

4）烘干处理。钢丝在浸助镀液后须进行烘干处理，主要是烘干钢丝表面水分，防止钢丝继续受到腐蚀及水分进入锌液发生"爆锌"现象，并将钢丝基体在酸洗时产生的氢气驱赶出去，减少镀锌层的开裂与灰斑，烘干还可加快铁、锌之间的反应。

5）热镀锌处理。热浸镀简称热镀，是将被镀的金属材料浸于熔点较低的其他液态金属或合金中进行镀层的方法。钢丝热镀锌的基本特征是在钢基体与锌镀层之间形成合金层，当钢丝表面从熔融的金属锌液中抽出时，在合金层表面附着一层熔融的金属锌，经冷却凝固后形成金属锌镀层。

6）抹拭处理。抹拭是一种控制锌层重量并且保证表面光洁度的一种方式，常用的方式为氮气抹拭与电磁抹拭。钢丝热镀锌工艺常见缺陷、原因分析及改进措施如表 4-16 所示。

表 4-16　　热镀锌工艺常见缺陷、原因分析及改进措施

序号	常见缺陷	原因分析	改进措施
1	局部漏钢、麻点、针尖漏镀	（1）油脂没有除净； （2）氧化铁皮和锈未除净； （3）钢丝酸洗效果差； （4）溶剂浓度偏离控制值，pH 值不合格，杂质含量高，亚铁离子含量高； （5）锌温过低，车速过快； （6）烘干前钢丝表面出现氧化	（1）调整脱脂剂至合格； （2）检测各个溶液的浓度、温度、亚铁离子含量并校核在溶液内反应时间，及时调整至合格； （3）适当提高锌温，降低车速； （4）检查烘干温度，保证钢丝表面干燥效果
2	纯锌层薄，合金层厚，表面无光泽	（1）锌温过高； （2）车速过慢； （3）抹拭力太高； （4）测温仪器不准	（1）适当降低锌温； （2）适当提高车速； （3）调节抹拭参数； （4）检查校对仪表

序号	常见缺陷	原因分析	改进措施
3	镀锌层开裂,锌层起皮,结合力差,缠绕不合格	(1) 合金层过厚; (2) 酸洗后钢丝表面脏; (3) 锌温过高; (4) 浸锌时间过长; (5) 镀锌后冷却不及时	(1) 适当降低锌温; (2) 适当在酸液中加入缓蚀剂,加强酸洗后的水洗质量; (3) 适当提高车速; (4) 加强出锌锅后冷却,抑制合金层的生长
4	钢丝表面粗糙、无光泽	(1) 锌锅表面锌灰过多; (2) 锌锅底部锌渣过多; (3) 抹拭不良; (4) 锌温低,车速快; (5) 钢丝走线抖	(1) 锌锅表面清理干净; (2) 定期对底渣进行清理; (3) 检查抹拭设备及抹拭条件; (4) 适当提高锌温,降低车速; (5) 适当提高钢丝走线张力
5	锌层有黑点	(1) 钢丝表面磷化层未除净; (2) 盘条偏析严重,硫含量高; (3) 盘条轧制缺陷、表面锈蚀严重	(1) 采用效果较好的电解碱洗脱脂; (2) 加强盘条的检测及管控; (3) 拉丝工序检查不合格的产品不往镀锌流转
6	镀层上有"白锈"	(1) 冷却水成碱性,钢丝冷却不均,产生"阴阳面"; (2) 钢丝存储地点潮湿	(1) 冷却水保证中性水质; (2) 钢丝冷却要均匀且及时; (3) 钢丝存储点须干燥、通风

4.2.3 OPGW

OPGW 的生产工艺流程如图 4-14 所示,此处重点描述光纤打环着色工艺、光纤单元工艺、OPGW 成缆工艺。

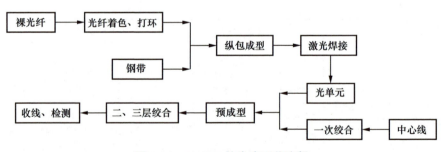

图 4-14 OPGW 的生产工艺流程

(1) 光纤打环着色工艺。

1) 光纤打环着色工艺流程。光纤打环着色的主要工艺流程为光纤放纤→放线张力调节→除静电→打环→光纤过涂杯→UV 固化→轮牵→收线张力调节→收排线。光纤着色就是在裸光纤涂上颜料,颜料经过紫外光固化炉固化后形成着色光纤。光纤经过着色后增加了一层保护层，可以吸收一定的弯曲损耗，方便接续与施工，着色后光纤如图 4-15 所示。

图 4-15　着色后光纤

虽然在 DL/T 832 中规定了 12 种全色谱的光纤颜色，如表 4-17 所示，但实际上 OPGW 光纤芯数往往都超过 12 芯，行业内普遍采用打环加着色的方法进行标识标记，以方便设计更多的色标。在 DL/T 832 中常用色环为 S60 单色环、D80 双色环、S90 单色环，其他的色环标识可采用制造厂商设计的色环方案或由供需双方协商确定。

表 4-17　　　　　　　　全色谱的优先顺序表

序号	1	2	3	4	5	6	7	8	9	10	11	12
颜色	蓝	橙	绿	棕	灰	白	红	黑（或本）	黄	紫	粉红	青绿

注　当光单元中含有 B1 类和其他类型光纤时，宜将其他类型光纤的色谱识别排在前面。

2）光纤打环着色质量控制要求。光纤打环着色常见缺陷、原因分析及改进措施见表 4-18。

表 4-18　　　　　光纤打环着色常见缺陷、原因分析及改进措施

序号	常见缺陷	原因分析	改进措施
1	漏环或色环不全	（1）喷码机故障； （2）喷头位置不对； （3）轴承和轮转动不灵活； （4）在线检查不够	（1）检修喷码机； （2）调节喷头位置，确保墨迹落在光纤上； （3）轴承的清洗与加油； （4）加强在线检查力度，或采用在线视觉检测设备

续表

序号	常见缺陷	原因分析	改进措施
2	着色时无故断纤	（1）设备故障； （2）来盘光纤夹线或有异常； （3）操作失误	（1）检修设备； （2）来盘光纤的质量自检； （3）操作技能的提高与责任心的加强
3	光纤着色时出现花色	（1）模具脏； （2）油墨气泡； （3）油墨黏度太大	（1）按规定清洗模具； （2）油墨摇匀时间过长后需静置半小时再使用，注意摇匀速度； （3）适当加热油墨
4	放线断纤	（1）光纤出现鞭打； （2）碰伤； （3）光纤行走轨迹的清洁度	（1）光纤生产结束时要降速； （2）注意操作规范性； （3）注意光纤导轮磁孔清洁度以防刮伤
5	光纤着色层不均匀且光纤波形异常	光纤过模具后遇异物相擦	检查光纤行走的轨迹与路径，保持光纤在固化炉口处于居中位置，及时清理固化炉内异物

（2）光纤单元工艺。

1）光纤单元主要工艺流程如下：

a. 光纤放线→张力调节。

b. 纵包焊接→轮牵→光单元测速→冷水槽→履带牵引→收排线装置。

c. 钢带放带→对接焊接→储带装置→切带。

光纤自放纤架放出后通过导纤模具与阻水纤膏一起进入成型后的钢管内，钢带自放带架放出后经纵包成型模具成型后进入激光焊接程序，焊接完的钢管与其所包含的光纤一起通过整形拉拔产生光纤余长，经清洗打磨及吹干处理后上盘收线。

2）光纤单元质量控制要求。光纤单元制造中最核心的是光纤余长的控制，一方面利用弹性变形使得钢带回缩产生余长；另一方面对钢管进行微缩变形，利用塑性变形使得钢管回缩产生余长。取 5m 长光纤单元，将光纤取出测其长度，通过式（4-1）计算光纤单元光纤余长。

$$\varepsilon = (L_{纤} - L_{管})/L_{管} \times 1000‰ \qquad (4\text{-}1)$$

式中　$L_{纤}$——光单元中光纤的长度；

　　　$L_{管}$——光单元钢管的长度。

一般的，光纤单元在生产过程中需注意如下几个方面：

a. 光纤放线临近结束时要检查有色环光纤的色环标识情况；

b. 光纤放线要勤检查光纤行走轨迹，防止跳导轮外而引起纤差超标；

c. 生产前要考虑分切刀状况，防止分切过程中产生毛刺、卷边，影响光单元焊接质量；

d. 勤检查纤膏泵的工作状态，防止出现中途无纤膏充填现象；

e. 勤检查焊接质量，尤其是焊缝存在大摆动下，要翔实记录便于复盘检查，杜绝虚焊现象的存在；

f. 接头情况的检查，注意平整度，防止过拉丝模时拉断，常做扭转验证试验；

g. 产生余长的张力控制、产生余长的预成型轮深度控制，每盘要检查核实光纤单元的余长情况；

h. 收线时要注意计米长度及收线张力的控制，收线张力应尽可能地小。

光纤单元纵包常见缺陷、原因分析及改进措施见表 4-19。

表 4-19　　　　　光纤单元纵包常见缺陷、原因分析及改进措施

序号	常见缺陷	原因分析	改进措施
1	光纤淤纤	（1）除静电失败； （2）光纤有交错； （3）导轮不清洁； （4）导轮中心偏； （5）油针异常	（1）检查除静电器，及时清洁放电头； （2）开机前检查光纤穿线情况； （3）定期清洁导轮； （4）调直中心； （5）检查油针并清洁
2	管内断纤	（1）油针脏或磨损； （2）放纤导轮有异常； （3）除静电失败； （4）着色纤质量	（1）及时清洁更换油针； （2）定期清洁导轮，检查光滑度； （3）修复静电除尘器； （4）加强原材料质量把关
3	漏焊	（1）模具调节不稳； （2）钢带质量问题； （3）钢带上沾有杂物； （4）激光发生器问题； （5）充油异常	（1）模具不稳不得开机； （2）加强原材料质量把关； （3）加强环境、导辊的检查； （4）跟踪焊接监视器的图像； （5）调节好油针，不得有气泡
4	钢管扭转开裂	（1）焊接功率小； （2）焊接头焦距异常； （3）纵包成型质量不佳	（1）增加焊接功率； （2）调焊接头激光焦距； （3）检查纵包模具
5	渗水	（1）充油不足； （2）油针位置不对	（1）加大充油量； （2）调整油针
6	返油	（1）充油过量； （2）油泵转速异常； （3）油针调节不佳； （4）纤膏内有气泡； （5）牵引速度不稳	（1）核查充油工艺； （2）检查油泵转速； （3）调节好油针； （4）排清气泡； （5）检查牵引速度

（3）OPGW 成缆工艺。

1）OPGW 成缆工艺主要流程为中心线放线架→内层绞放线架→内层预成型绞合点→充防腐缆膏→第二层放线架→第二层预成型绞合点→双轮主牵引→收排线架。

2）绞合工艺。OPGW 绞线（见图 4-16）和铝包钢绞线生产原理基本相似，只是将其中一根或几根铝包钢线用光纤单元替代。OPGW 绞合采用退扭式绞合，为避免 OPGW 光缆在放线时出现"鸟笼"状、单丝"起拱"、外层松股等现象，生产时需严控控制各项工艺参数。

图 4-16   OPGW 绞线

单线通过预成型装置（见图 4-17）后形成均匀规则的波浪形状，其中 h、p 分别是成型深度与成型节距。为了使 OPGW 光缆有较好的绞合质量，一般按式（4-2）进行工艺设计。

$$h = (0.78 - 0.88) \times d \qquad (4\text{-}2)$$

式中 h——成型深度；

　　　d——光缆当层直径。

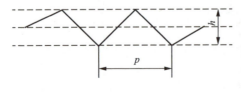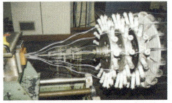

图 4-17   OPGW 预成型装置及成型深度

当然，式中的比例系数范围需要根据绞合单线种类来综合选择，当 h 值比设定过大时 OPGW 光缆表面就比较松，光缆外层单丝容易起拱，施工时也容易起"灯笼"状。相反，当 h 值较设定值过小时，OPGW 光缆单丝容易出现散股缺陷。简易的检验方式是：取 4 个节距以上的绞合单丝，剪断该层股线并恢复成绞线状态，放在当层缆芯上面，然后来回拉动，如果拉得动，则说明太松，h 值太大；如果拉不动且未有散开现象则说明调节基本到位，不会影响产品质量。

在实际生产过程中，OPGW 绞线质量还与节距、节径比、绞入率密切相关。

3）OPGW 绞合质量控制要求。OPGW 绞合质量控制要求与铝包钢绞线基本等同，常见的缺陷、原因分析及措施可参考铝包钢绞线，成品 OPGW 光缆的绞合余长一般为 5‰～8‰。

4.3　包 装 及 运 输

铝包钢绞线、镀锌钢绞线、OPGW 包装应符合国家标准或行业标准要求，应使用有加固钢骨架的铁木盘或可拆卸式全钢瓦楞盘，并采取良好的防振、防锈及防盗等保护措施，使得铝包钢绞线、镀锌钢绞线、OPGW 在运输、储存、装卸以及现场放线操作时免于损伤。

包装盘具的类型、结构尺寸和包装形式以及交货质量、出厂资料等应符合工程合同规定。包装盘具的木制品的使用和处理方式应满足国家、地方的相关要求。

4.3.1　包装

（1）包装材料。铝包钢绞线、镀锌钢绞线、OPGW 外包装盘具应包含以下材料：

1）泡泡纸：作为外侧防护层，用于表面防尘和防水；

2）塑料薄膜：对桶径进行包裹；

3）侧板：用于盘具防水；

4）牛皮纸：防止铝包钢绞线或 OPGW 光缆擦伤（根据客户要求）；

5）盘具封条：全木材质，除客户特殊要求外，全部采用柳杉；

6）防水带：缠绕于线缆端口，防水。

（2）包装操作。包装作业的整体操作步骤应按照表4-20开展。

表4-20　　　　　　　　　　　　包装作业的整体操作步骤

1. 作业前准备				
序号	操作步骤	作业要素分解	动作要领	质量要求
1.1	场地清扫	将包装场地清扫干净	将包装现场的杂物进行清扫	地面干净
1.2	盘具准备	转移盘具	将盘具从车间运输到包装场地	严禁碰伤盘具
1.3	材料准备	领用泡泡纸	从包装仓库领用当天需要的数量	—
2. 包装前的检查				
2.1	检查外层线缆	检查线缆最外层表面质量	检查表面有无油污、单丝是否发黑、线缆头有无刮伤	表面光洁无碰伤
2.2	检查盘具	检查盘具外观	检查盘具螺栓紧固情况、侧板有无稀缝、落、蛀洞、发黑、毛边、木耳、喷漆、破损等	盘具螺栓紧固、外观无缺陷
2.3	检查随盘卡	检查随盘卡信息	检查随盘卡内的线缆编号、长度、合格章等	随盘卡信息齐全
3. 盘具喷字、封帽安装				
3.1	调和油漆	对油漆按比例进行稀释	喷字前，先将油漆调和均匀。喷字颜色目前有三种：黑色、白色、解放142蓝色。（如项目书有特殊要求，按要求执行）。调和比例：油漆90%，稀释液10%	油漆均匀
3.2	准备字模	对字模表面进行清洁	将上一班次使用的字模，使用松香水，用毛刷进行刷洗	字模表面清洁无疙瘩
3.3	准备喷枪	检查枪头雾化效果	对枪头喷出的雾化进行检查，为点喷状态	—
3.4	喷字	在盘具侧面进行喷字	左手将字模紧贴在盘具侧板，右手紧握喷枪，二者处于平行状态，扣动喷枪的同时从左到右平移喷枪	字迹工整、清晰，重点工程喷杆塔号
3.5	加热封头帽	挑选合适封头帽用火枪加热	选取的封头帽外径比光缆外径大2~3mm，打开火枪，对准封头帽尾部至于2/3处，全部加热均匀，使之全部包裹光缆缆头为止	光缆内外端封头帽颜色统一，封头帽无损坏

续表

4. 线缆包装

序号	操作步骤	作业要素分解	动作要领	质量要求
4.1	包装气泡膜	气泡膜包于光缆外层	将包装材料缠绕光缆一圈，外圈长度超出内侧起点 30cm	将光缆完全包裹，能够防水、防冲击
4.2	包装珍珠棉	珍珠棉包于光缆外层		
4.3	包装封箱带	黏贴气泡膜、珍珠棉	将包装材料拉紧后，使用封箱带进行黏贴	每盘缆黏贴不少于 3 道
4.4	收随盘卡	回收随盘卡	用刀片将随盘卡扎带切断，包含塑料袋一起收回	核对随盘卡，喷字内容准确无误
4.5	运输至成品区	将包装完毕的盘具运输到成品场地	出口工程根据合同号集中堆放，国内工程根据盘具大小、项目、发货时间，分类排放整齐	排放整齐

5. 发货

序号	操作步骤	作业要素分解	动作要领	质量要求
5.1	粘贴合格证、随盘报告、包装注意事项	将合格证、包装注意事项张贴在盘具侧面、随盘检测报告黏贴盘芯	（1）核对合格证与盘具实物数据一致； （2）将包装注意事项、合格证工整放置，使用码钉枪在合格证四角和两端长边中部钉 6 个钉子；随盘检测报告四角打订书钉	合格证黏贴端正
5.2	货车调配	调配货车到指定位置	装货车辆进入厂区，停放在主干道装车等待区，装货时应服从现场发货人员安排	—
5.3	检查包装	检查盘具外观及随盘资料	装货人员应检查盘具的质量、包装质量、合格证等	盘具无变形，资料齐全
5.4	上车固定	普通工程垫木块，重点工程垫木托，海外工程三角木固定	（1）垫木块与木托时，手拿一端，手离盘具 5cm 左右，手指应在盘具的外侧操作垫木；三角木使用铁钉固定； （2）特殊工程采用一横一竖的装车固定方式	木块垫在盘具的 4 个点，盘具离车厢地板 3cm 左右
5.5	提交发货材料	将押运单、木材检疫证提交给物流理货员	核对每车装货数量，确认与押运单数量一致	—

包装过程常见的缺陷及改进措施见表 4-21。

表 4-21 包装过程常见的缺陷及改进措施

序号	常见缺陷	改进措施
1	盘具碰伤	退回车间倒盘处理
2	喷出的字体不清晰	用磨光机对喷出来的字进行打磨，清除干净后重喷
3	封头帽未烫牢	重新使用火枪进行加热
4	合格证内容错误	反馈检测室，重新更换合格证粘贴
5	固定过程中三角木开裂	更换三角木重新固定

（3）铝包钢绞线、镀锌钢绞线包装要求。铝包钢绞线、镀锌钢绞线交货盘及包装应满足如下要求：

1）每个交货盘的筒径不应小于地线直径的 25 倍。

2）每个交货盘的轴孔应为 90～110mm。

3）每个交货盘加上卷绕在其上的铝包钢绞线、镀锌钢绞线的最大质量不应超过 10000kg，特殊情况除外。

4）在每个交货盘上只绕一根地线，交货盘侧板边缘和外层绞线之间的间隔应不小于 70mm。

5）每盘铝包钢绞线、镀锌钢绞线的端头必须牢固固定，不能因张力放线而拉脱。

6）交货盘的轮轴应表面光滑，能满足施工放线要求。

7）交货盘外层包装应有能防止绞线磨损、碰撞等的措施，使用的包装材料应具有化学稳定性，在任何时候均不应伤害铝包钢绞线、镀锌钢绞线表面。

（4）OPGW 包装要求。OPGW 交货盘及包装应满足如下要求：

1）每个交货盘的筒径不应小于 OPGW 直径的 25 倍。

2）每个交货盘的轴孔应为 90～110mm。

3）每个交货盘加上卷绕在其上的 OPGW 最大质量不应超过 8000kg，特殊情况除外。

4）缆盘的法兰盘应能保护 OPGW，使其在运输、储存期间不至于损坏。

5）OPGW 外层包装要用木条密封，还应包上防水材料，使其在运输、储存过程中保护 OPGW，防止与灰尘及砂粒等接触。

6）OPGW 最内层端头应系紧于内层法兰盘，以防 OPGW 在运输过程中松懈。为便于测试，OPGW 内、外层端头至少应预备 4m，并固定在法兰盘上。

7）OPGW 每个端头均需密封以防潮气进入光纤及填充物。

8）两层缆线间应有垫层，外层缆线上应包牢固的保护板，用扎带扎紧。

9）制造厂应提供每盘中每根光纤最终衰减测量合格记录，该合格记录应附于线盘上法兰盘外侧，并做好防风雨措施。

OPGW 包装应能满足交货盘的装卸与长途陆运或水运的要求和张力放线的要求，包装实物示意图如图 4-18 所示，也可根据项目具体的包装要求进行其他形式的包装。

图 4-18　包装实物示意图

（5）标识要求。铝包钢绞线、镀锌钢绞线、OPGW 标识应满足相关标准和买方的要求，以下标识应在交货盘外侧显示，标识基本信息包括：

1）工程名称；

2）产品型号或规格号（包含标准号）；

3）产品实际长度；

4）出厂编号；

5）运输时交货盘不能平放的标记；

6）产品滚动的箭头方向；

7）整盘毛重和净重；

8）制造日期；

9）买方的名称；

10）制造厂（商）名或 logo；

11）目的地（到货站及标段名称）；

12）收货人；

13）其他需要的说明。一般采用油漆喷涂注明：工程名称、制造厂名称、装运及旋转方向或放线标志、运输时交货盘不能平放的标记。采用不易脱落的标牌注明：产品型号或规格号，长度，毛重，净重，制造日期，出厂编号，收货人，到站名称等信息。

4.3.2 运输

制造厂应负责将产品运到合同指定的目的地，并保证产品在运输过程中不受损坏。在线缆运输与存放应注意以下事项：

（1）在每个交货盘的外侧轮缘上张贴"产品运输注意事项"，用于提醒物流单位、施工装卸人员。

（2）产品运输时应采取固定块或绑带扎紧等措施，防止缆盘之间摩擦碰撞损坏货物。

（3）线缆应存放在干燥、通风的室内场所。如果条件不具备而必须在室外露天存放时，放置线缆的场地应平整、坚实，排水设施良好。

（4）在雨水较多的季节，应在线缆上面覆盖防雨布，以避免盘具长期淋雨后发生变形、腐烂。

（5）在气候很干燥的季节，线盘经过长时间的放置后，木材可能会干燥收缩，在展放前要对木盘进行检查，有条件的在展放前一天将线缆盘进行浸水处理。

（6）线缆存放场所应采取有效措施，防止蛀虫及其他对木材有害昆虫的侵害。

（7）盘具滚动不允许超过 5m，并且在作短距离滚动时应按盘具标明的旋转箭头方向滚动。

（8）必须使用专用车辆（吊车、叉车）进行搬运装卸，装卸时应确保缆盘直立，以免损坏包装封条。不能用人工直接从车上往下推，如图 4-19 所示。

图 4-19 运输要求示意图

（9）缆盘在运输过程中必须直立，缆头应固定好以免线缆松开，所有的封条和保护装置要在运抵施工现场后安装时方可拆除。

（10）严禁将盘具叠堆、倒置，严禁将其他物品堆放在盘具上面。

（11）交通运输部印发了《超限运输车辆行驶公路管理规定》，制造厂应考虑新的规定对产品运输带来的影响。

4.4　检 验 及 验 收

4.4.1　检验项目

型式试验用于检验产品的主要性能，其性能主要取决于产品的设计。对于新设计或用新的生产工艺生产的铝包钢绞线、镀锌钢绞线、OPGW，试验只做一次，并且仅当其设计或者生产工艺改变之后试验才重做。型式试验只在符合所有有关抽样试验要求的产品上进行。抽样试验用于保证铝包钢绞线、镀锌钢绞线、OPGW 质量符合相关标准的要求。

（1）铝包钢绞线、镀锌钢绞线检验项目。

1）铝包钢绞线、镀锌钢绞线抽样检验项目包括表面质量、直径、节径比、绞向、单位长度质量、拆股后单线性能、均匀紧密性、绞线综合拉断力、绞线 20℃直流电阻。

2）铝包钢绞线、镀锌钢绞线型式试验检验项目包括结构型式、绞线直径、绞向、均匀紧密性、节径比、单线性能、绞线单位长度质量、绞线 20℃直流电阻、绞线综合拉断力、绞线弹性模量、应力—应变曲线、绞线蠕变曲线、线膨胀系数。

3）绞后铝包钢单线性能包括直径、抗拉强度、1% 伸长时的应力（中心线）、断后伸长率、扭转、20℃直流电阻率、最小铝层厚度。

4）绞后镀锌钢线性能包括直径、抗拉强度、1% 伸长时的应力（中心线）、断后伸长率、扭转、20℃直流电阻率、卷绕试验、镀锌层附着性、镀锌层连续性。

铝包钢绞线、镀锌钢绞线检测项目及要求如表 4-22 所示。

表 4-22 铝包钢绞线、镀锌钢绞线检测项目及要求

序号	试验品种	检测项目	相关要求
1	铝包钢绞线 镀锌钢绞线	表面质量	表面不应有目力可见的缺陷，例如明显的划痕、压痕等
2		直径	$d<10mm\pm0.1mm$ $d\geqslant10mm\pm(1.0\%d)mm$
3		节径比	执行 GB/T 1179 客户要求
4		绞向	相邻层的绞向应相反，除非需方订货有特别说明，最外层绞向应为"右向"
5		单位长度质量	GB/T 1179
6		拆股后单丝检测	GB/T 17937、GB/T 3428、技术协议、IEC 63248、ASTM B415
7		应力—应变曲线	GB/T 1179 中附录 D
8		20℃直流电阻	≤GB/T 1179 标称值或按客户要求
9		绞线拉断力	$F\geqslant$额定拉断力 ×95% 或按客户要求

（2）OPGW 检验项目。

1）OPGW 抽样检验项目包括光缆结构完整性及外观、识别色谱、结构尺寸、光纤截止波长和传输特性、长度检查、抗拉性能、绞前单线性能。

2）OPGW 型式试验检验项目包括光缆结构完整性及外观、识别色谱、结构尺寸、光纤截止波长和传输特性、OPGW 长度检查、OPGW 机械特性、OPGW 电气性能、OPGW 环境性能。

3）OPGW 检测项目及要求如表 4-23 所示。

表 4-23 OPGW 检测项目及要求

序号	试验品种	检测项目		相关要求
1	光纤	识别色谱	光纤识别色谱； 保护管识别色谱	固化优良模拟施工将纤膏擦净，光纤不脱色为准
2		光纤模场直径和尺寸参数		符合 GB/T 15972.22、GB/T 15972.40、ITU-T 相关要求
3		光纤截止波长和传输特性	截止波长； 衰减系数； 衰减点不连续性； 衰减波长特性； 色散	
4	单丝	绞合前单丝性能		符合 GB/T 17937 要求

序号	试验品种	检测项目		相关要求
5		结构完整性及外观		绞合紧密，切断时无散股现象
6		长度检查		必须符合工艺要求，每盘允许正偏差 0～20m/ 盘
7		结构尺寸	单线最外层节径比；外径	符合工艺要求
8	成品 OPGW	机械性能	抗拉性能	100%RTS 单丝不断裂
			拉伸性能	40%RTS 光纤无应变无附加衰减
			应力—应变性能	除非买方另有规定，该试验没有判定标准
			扭转性能	1550nm 波长附加衰减不应大于 0.1dB/km，无机械损伤
			压扁性能	1550nm 波长附加衰减不应大于 0.05dB/km，无机械损伤
			弯曲性能	
			舞动性能	1550nm 波长衰减小于 1.0dB，不发生任何机械损伤
			风激振动性能	无任何损伤，1550nm 波长衰减小于 1.0dB
			蠕变性能	试验后应提供 OPGW 蠕变曲线和蠕变公式
9		电气性能	短路电流性能	符合 DL/T 832 要求
			雷击性能	符合 DL/T 832 要求
			直流电阻性能	不大于设计值
10		环境性能	衰减温度特性	附加衰减：≤0.1dB/km 或用户要求
			滴流性能（仅针对光单元）	应无填充复合物滴出
			阻水性能	全截面不渗水

4.4.2　检验标准

（1）铝包钢绞线、镀锌钢绞线检验标准。铝包钢绞线、镀锌钢绞线按照 GB/T 1179 检验。蠕变试验参照 GB/T 22077 试验方法进行，线膨胀系数试验按照 AS 3822—2022 试验方法进行。铝包钢绞线、镀锌钢绞线验收标准及检验规则见表 4-24。

表 4-24 铝包钢绞线、镀锌钢绞线验收标准及检验规则

验收项目	验收标准	检验类别	
		抽检	型式试验
表面质量	GB/T 1179 5.3	10%	目力检测
直径	GB/T 1179 6.6.2	10%	GB/T 4909.2
节径比	GB/T 1179 5.4	10%	划印法
绞向	GB/T 1179 5.4	10%	目力检测
单位长度质量	GB/T 1179 6.6.3	10%	称重
拆股后单丝检测	GB/T 1179 6.6.1.3	30%	GB/T 4909
绞线 20℃直流电阻	GB/T 1179 中附录 A.4、A.5	10%	GB/T 3048.4
应力—应变曲线	GB/T 1179 中附录 D	—	GB/T 1179
绞线综合拉断力	GB/T 1179 中附录 A.4、A.5	—	GB/T 1179
线膨胀系数	AS 中 3822—2022	—	Q/GDW 385
绞线蠕变试验	GB/T 1179 中 6.5.4	—	GB/T 22077

注 1. 出厂检验栏目中的百分数系按单位产品数抽检最小百分比。
2. 抽样比例允许用户和制造商根据工程需要协商。

（2）OPGW 检验标准。OPGW 按照 DL/T 832 验收，OPGW 各项性能验收标准及检验规则见表 4-25。

表 4-25 OPGW 各项性能验收标准及检验规则

验收项目		验收标准	检验类别	
			抽检（%）	型式试验
结构完整性及外观		目力检查	100	DL/T 832—2016 中 8.2
识别色谱	光纤识别色谱	目力检查	100	
	保护管识别色谱	目力检查	100	
结构尺寸	单线最外层节径比	DL/T 832—2016 中 8.2	10	
	外径	DL/T 832—2016 中 8.2	100	
光纤模场直径和尺寸参数		DL/T 832—2016 中 8.3.1	5	
光纤截止波长和传输特性	截止波长	DL/T 832—2016 中 8.3.2	5	
	衰减系数	DL/T 832—2016 中 8.3.3.1	100	
	衰减点不连续性	DL/T 832—2016 中 8.3.3.2	10	
	衰减波长特性	DL/T 832—2016 中 8.3.3.3	5	
	色散	DL/T 832—2016 中 8.3.3.4	5	
绞合前单丝性能		DL/T 832—2016 中 8.4	提供进厂检验数据	—

验收项目		验收标准	检验类别	
			抽检（%）	型式试验
长度检查		DL/T 832—2016 中 8.5	100	DL/T 832—2016 中 9.2
机械性能	抗拉性能	DL/T 832—2016 中 8.6.2	2	DL/T 832—2016 中 9.2
	拉伸性能	DL/T 832—2016 中 8.6.3	1 次 / 批次	
	应力—应变性能	DL/T 832—2016 中 8.6.4	—	
	过滑轮性能	DL/T 832—2016 附录 B	—	
	压扁性能	DL/T 832—2016 中 8.6.6	—	
	弯曲性能	DL/T 832—2016 中 8.6.7	—	
	扭转性能	DL/T 832—2016 中 8.6.8	—	
	风激振动性能	DL/T 832—2016 附录 C	—	
	舞动性能	DL/T 832—2016 附录 D	—	
	蠕变性能	DL/T 832—2016 中 8.6.11	—	
电气性能	短路电流性能	DL/T 832—2016 附录 E	—	
	雷击性能	DL/T 832—2016 附录 F	—	
	直流电阻性能	DL/T 832—2016 中 8.7.3	—	
环境性能	衰减温度特性	DL/T 832—2016 中 8.8.1	—	
	滴流性能（仅针对光单元）	DL/T 832—2016 中 8.8.2	—	
	阻水性能	DL/T 832—2016 中 8.8.3	1 次 / 批次	

注 1. 出厂检验栏目中的百分数系按单位产品数抽检最小百分比。
2. 抽样比例允许用户和制造商根据工程需要协商。
3. 海外客户有特殊要求时，可参考 IEEE 1138 要求执行。

4.4.3 典型缺陷

地线在生产制造、物流运输、施工放线等方面的典型问题包括线材碰伤、绞合不紧密、盘具受损、施工卡线等典型缺陷，如表 4-26 所示。

表 4-26　　　　　　　　　　地线典型缺陷

序号	缺陷描述	原因分析	示意图	缺陷依据
1	生产、运输过程中的碰伤	（1）生产过程中，线缆盘具摆放不规范，线盘发生磕碰；（2）运输过程中，未按照操作规程作业，造成线缆表面刮碰		（1）GB/T 17937 标准中外观规定，铝包钢线应光洁，并且不得有可能影响产品性能的所有缺陷，如裂纹、粗糙、划痕、杂质等；（2）GB/T 1179 中规定导线表面不应有目力可见的缺陷，例如明显的划痕、压痕等

续表

序号	缺陷描述	原因分析	示意图	缺陷依据
2	生产大截面绞线时存在不紧密现象	（1）内外层单丝线径公差偏大，覆盖率偏低； （2）设备突发状况导致节距出现波动		GB/T 1179 中规定每层单线应均匀紧密地绞合在下层中心线芯或内绞层上
3	物流运输过程中发生包装破损	（1）线盘运输过程中固定木块发生滑移或者绑带松动，导致盘具相互碰撞； （2）装卸车过程中未按照操作规程作业造成盘具损伤		包装要求
4	线缆在施工放线时出现卡线	（1）包装盘具侧板经雨水浸泡、暴晒后收缩，侧板松动； （2）盘具受运输的颠簸紧固螺丝有轻微的松动； （3）放线张力过大，外层光缆受拉卡入侧板缝隙		—

4.4.4　缺陷处置

针对地线碰伤、绞合不紧密、盘具受损、施工卡线等典型缺陷，处置及预防措施如表 4-27 所示。

表 4-27　　　　　　　　　地线典型缺陷处置及预防措施

序号	缺陷描述	处置措施	预防措施
1	生产过程中的碰伤	（1）线缆轻微碰伤，在不影响产品性能与外观的情况下，使用锉刀将表面修复平整； （2）碰伤导致单丝线径变化大、漏钢等现象，则需要对线材报废处理	（1）制订生产作业指导书，规范操作流程，避免碰伤； （2）将盘具摆放整齐，防止出现滑移

序号	缺陷描述	处置措施	预防措施
2	生产大截面绞线发现有不紧密现象	在线调整节距范围予以修正并评审调整后线缆质量	（1）生产大截面、大盘长产品时除依托节距在线控制设备外，每班中途采用"人工划线法"抽检节距； （2）每盘线缆生产之前，各单丝张力及牵引张力需要校量
3	物流运输过程中发生包装破损	（1）包装轻微破损且未造成线缆表面损伤的，光纤通信未受到影响的可以使用； （2）包装破损严重且造成缆表面损伤的，均做隔离报废处理	（1）制订"运输及施工注意事项"，并在盘具侧醒目标记，提醒物流单位、施工装卸人员注意； （2）严禁转包、分包运输，落实点对点运输措施，防止运输途中因防护不当或道路颠簸导致货物松散，必要时可采取二次紧固
4	线缆在施工放线时出现卡线	由现场施工方、供应商服务人员现场确认线缆表面及光纤状况，如良好，先松开盘具两侧螺栓拉出被陷线缆，再紧好盘具两侧螺栓，继续放线；若线缆表面受损，且无法展放的该盘报废处理	（1）对载重大于 4.5t 的线缆，采用全铁盘包装，提高盘具的机械强度； （2）展放前对铁木盘螺栓进行紧固； （3）施工时根据线缆满盘、半盘情况对尾车放线张力进行差异化的调整，并安排人员进行效果跟踪； （4）使用铁木盘包装时选用干燥的木材或做特别的防护措施

4.5　到　货　验　收

4.5.1　验收项目

（1）外观验收。铝包钢绞线、镀锌钢绞线、OPGW 到货后双方应在施工现场开展开箱验收，对照合同要求核对产品型号规格、数量要求，检查产品外观，和产品的包装情况。

（2）性能验收。

1）铝包钢绞线、镀锌钢绞线、OPGW 到货后，当用户和制造厂之间有协议需要对产品进行现场性能检验时，可以按规定进行现场验收，如开展拉断力性能抽检；

2）采用光时域反射计（OTDR）对 OPGW 的长度、光纤衰减进行开盘验收。把至少 1km 长的光纤连接在 OTDR 和被测光纤之间，以提高被测光纤端头附近的分辨率，应注意距连接点 10m 内被测光纤的断裂和损伤都不能探测到，如果某一盘被测 OPGW 的光性能有疑问时，应从 OPGW 的另一端测试有疑问的光纤，并取两次测试结果的平均值，作为该光纤的光衰减数值。或采用光源和光功率计对光纤进行光衰减测试。

（3）其他验收。铝包钢绞线、镀锌钢绞线、OPGW 到货后应在施工现场进行直径、绞向以及绞合质量验收，必要时可与配套金具进行试组装验收，确保地线与耐张金具、悬垂金具、防震金具、压接金具等金具附件符合连接设计、施工要求。

4.5.2 验收标准

（1）铝包钢绞线、镀锌钢绞线、OPGW 表面应符合 GB/T 1179 的规定，具体的表面不应有目力可见的缺陷，例如明显的划痕、压痕等，并不得有与良好商品不相称的任何缺陷；

（2）铝包钢绞线、镀锌钢绞线、OPGW 切断后，19 根及以下各线端应保持在原位或容易用手复位，19 根以上应尽量满足此要求；

（3）铝包钢绞线、镀锌钢绞线、OPGW 的拉断力应符合合同技术规范的要求；

（4）每个线盘上只绕一根 OPGW 光缆。每盘 OPGW 的端头必须牢固固定，不能因张力放线而拉脱；

（5）地线线盘的轮轴必须为钢制品且应表面光滑，轴径应能满足施工放线要求；

（6）OPGW 绞线盘外层包装应有能防止绞线磨损、碰撞等的措施；

（7）OPGW 线盘上的缆盘最外层应覆以一层防潮保护层；

（8）包装材料应为有加固钢骨架的钢木结构线盘，具有良好的防震、防锈、防腐蚀、防盗等措施。使用的包装材料应具有化学稳定性，在任何时候不应损伤 OPGW 光缆。

章后导练

基础演练

1. 架空地线的作用及分类有哪些？

2. 铝包钢绞线、镀锌钢绞线、OPGW 的主要原材料包括什么？

3. 铝包钢绞线、镀锌钢绞线、OPGW 主要的生产工艺流程有哪些？三类地线的生产工艺有哪些相同点？

4. 铝包钢绞线、镀锌钢绞线、OPGW 的检验项目及验收标准有哪些？

提高演练

1. 常用的光纤类型有哪些？各类型光纤之间的差异主要体现在哪里？

2. 绞合散股、松股如何界定？产生的原因是什么？如何进行预防整改？

3. 影响 OPGW 光纤衰减的因素有哪些？

案例分享

在执行产品制造监造中发现国内某厂家生产某工程大截面 OPGW 光缆至绞合收卷后发现有不紧密现象，该问题也是行业内 OPGW 常见的制造问题，现场处理、原因分析及解决措施总结如下。

现场处理

在线调整节距范围予以修正并评审调整后光缆质量，若调整后光缆还存在明显的绞合缝隙，该盘隔离报废不用于具体工程。

原因分析

（1）内外层单丝线径公差偏大，覆盖率偏低；

（2）设备突发状况导致光缆节距出现波动；

（3）部分厂家未有三层绞、大型绞合设备或因其他原因，大截面 OPGW 采用两次绞合工艺生产。

解决措施

（1）大截面层绞 OPGW 生产时需综合考虑各绞层的覆盖率，建议覆盖率介于 98.0～98.5。此外严格控制单丝线径公差，在单丝直径公差符合标准的基础上调整外层单丝直径略大于内层单丝直径 0.01～0.02mm；

（2）每班中途抽检节距 2～3 次，确保绞合节距稳定，绞合紧密；

（3）每盘 OPGW 光缆生产之前，各单丝张力及牵引张力均重新进行校量；

（4）大截面 OPGW 产品必须采用一次绞合成型。

● **导读**

电力金具（electric power fitting）是连接、组合电力系统中的各类装置，传递机械负荷、电气负荷或起某种防护作用的附件。金具在线路及配电装置中，主要用于支持、固定和接续裸导线、导体及绝缘子连接成串，亦用于保护导线和绝缘体。金具将铁塔、导线、绝缘子组成用于不同电压等级、输送容量、环境条件的架空输电线路，避免可见电晕，安全输送电流，承载导线张力、风载荷、冰载荷等机械载荷，能够实现在运行中减少微风振动，降低次档距振荡，在恶劣环境下减少脱冰跳跃等自然灾害造成的损害。电力金具包括了架空电力线路金具、变电金具和大电流母线金具。而架空电力线路金具主要包括了悬垂线夹、耐张线夹、连接金具、接续金具和防护金具几大类产品。本章从各类线路金具生产制造的角度出发，从生产准备、制造工艺、包装和运输、检验及验收、到货验收五个方面介绍线路金具的相关内容。

● **重难点**

（1）重点：介绍悬垂线夹、耐张线夹、连接金具、接续金具和防护金具五大类线路金具的生产工艺。对铸铝、铸铁、锻造、焊接、切割、冲压、热处理、切削加工、热浸镀锌等多类生产工艺逐一介绍，对每种类型工艺中含不同的生产工艺流程进行介绍。

（2）难点：在于金具产品种类繁多，涉及知识面广，几乎涵盖了机械加工生产制造行业的所有常见工艺，包括铸、锻、焊、冲压、热处理、机加工等成形工艺。本章制造工艺知识介绍的逻辑不是按线路金具产品种类来介绍，而是按生产工艺介绍。因为同一种产品可能是铸造成形生产工艺、也可能是锻造成形工艺生产、还可能是纯机加工工艺生产，或者同时含多种制造工艺。与制造工艺不同的是验收项目中成品验收是按照线路产品种类来介绍。

重难点	包含内容	具体内容
重点	1. 制造工艺 2. 验收标准	1. 金具铸锻焊等各种制造工艺 2. 各类产品的验收标准
难点	1. 制造工艺 2. 验收项目 3. 验收标准	1. 金具铸锻焊等各种制造工艺 2. 各类产品的验收项目、验收标准

第5章 线 路 金 具

架空电力线路金具主要包括了悬垂线夹、耐张线夹、连接金具、接续金具和防护金具几大类产品。悬垂线夹主要用来紧固导线的终端，使其固定在耐张绝缘子串上，也用于避雷线终端的固定及拉线的锚固；承担导线、避雷线的全部张力。耐张线夹用来将导线或避雷线固定在非直线杆塔的耐张绝缘子串上，起锚固作用、固定拉线杆塔拉线作用。连接金具用于绝缘子连接成串及金具与金具的连接并承受机械载荷。接续金具专用于接续各种裸导线、避雷线；接续金具承担与导线相同的电气负荷，大部分接续金具承担导线或避雷线的全部张力。防护金具用于保护导线、绝缘子等，如保护绝缘子用的均压环，防止绝缘子串拔用的重锤及防止导线振动用的防振锤、护线条等。线路金具如图5-1所示。

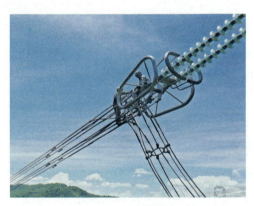

图5-1　线路金具

5.1 生 产 准 备

在生产之前要进行准备工作，金具生产的准备主要包括了技术准备和资源准备。

5.1.1　技术准备

技术准备是在生产之前必须进行的重要步骤，使生产厂家按照正确的标准和规范进行设计和组织生产。工作人员须进行设计院串图核对、图纸检查和设计、核对标准规范、编制相应技术和工艺规范文件并进行相关技术交底，确保生产厂家按照正确的标准和规范进行设计和生产，高质量地满足客户需求。

5.1.2　资源准备

在生产之前应资源准备，主要包括原材料准备、人员准备和设备准备等。其中材料准备的流程一般包括平库、材料采购、产品生产下料等工作。铝锭、钢板、圆钢等原材料库存准备如图 5-2 所示。

图 5-2　铝锭、钢板、圆钢等原材料库存准备

5.2　制　造　工　艺

线路金具的制造工艺种类很多，按照各类产品的主要成形工艺分为铸铝工艺、铸铁工艺、锻造工艺、焊接工艺、切割工艺、冲压工艺、热处理工艺、切削加工工艺、热浸镀锌工艺、预绞丝成型工艺、弯型工艺等。金具生产的一般工艺流程如图 5-3 所示。

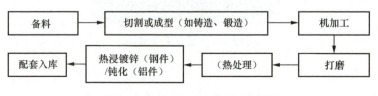

图 5-3　金具生产的一般工艺流程

5.2.1 铸铝工艺

（1）铸铝工艺介绍。金具铸铝工艺分为高压铸造、低压铸造和重力铸造三类生产工艺。

1）高压铸造工艺。高压铸造也称压铸，其铸造过程是将液态或半固态铝合金，在高压下以较高的速度填充入压铸型的型腔内，并使铝合金在压力下凝固形成铸件。压铸时常用的压力为400～500MPa，金属充填速度为0.5～120m/s。其金属液的充型时间极短，约0.01～0.2s（视铸件的大小而不同）内即可填满型腔。压铸工艺是将压铸机、压铸模、和压铸合金三大要素有机的组合而加以综合运用的过程。压铸时金属按填充型腔的过程，是将压力、速度、温度以及时间等工艺因素得到动态平衡的过程。

a. 高压铸造优点是生产效率高，工序简单，铸件公差等级较高，表面粗糙度好，机械强度大等，适用于复杂的大型薄壁件产品。

b. 高压铸造缺点是产品形状受限，对于一些薄壁铸件容易产生孔隙，因此只适用于壁厚较厚的铸件。

因此在电力金具领域中，高压铸造普遍用于间隔棒产品的生产制造。目前，高压铸造工艺已经广泛应用于750kV及以下输电线路的间隔棒生产。高压铸造间隔棒如图5-4所示。

图5-4　高压铸造间隔棒

2）低压铸造工艺。低压铸造工艺是指在密封的坩埚（或密封罐）中，通入干燥的压缩空气，使金属液在气体压力的作用下，沿升液管进入直浇道上升，通过内浇道平稳地进入型腔，并保持坩埚内液面上的气体压力，直到铸件完全凝固为止。然后解除液面上的气体压力，使升液管中未凝固的金属液流回坩埚。再开型并取出铸件。这种铸造方法补缩好，铸件组织致密，容易铸造出大型薄壁复杂的铸件，无需冒口，金属收得率达 95%。无污染，易实现自动化。

a．低压铸造优点是生产出来的铝合金产品强度高，表面质量好。

b．低压铸造缺点是模具设计和工艺较复杂，成本较为昂贵；此外，对于一些质量要求不高，结构简单的铸件，使用低压铸造也没有成本优势。

目前，低压铸造工艺普遍应用于 750kV 及以下线路工程中的悬垂线夹、35kV 及以下的配电线路用楔形耐张线夹和螺栓型耐张线夹，以及各类防振锤的线夹本体中。采用 ZL101A 材料生产的悬垂线夹和楔形耐张线夹，其材料抗拉强度最高可达 295MPa，最大延伸率可达 4%，布氏硬度在 80 以上。产品表面光洁度高，易于实现自动化作业，目前在国内多家电力金具企业已经形成了半自动化的低压铸造生产线。低压铸造悬垂线夹如图 5-5 所示。

图 5-5　低压铸造悬垂线夹

3）重力铸造工艺。重力铸造指通过利用重力作用，将熔化的金属或合金直接注入模具中，然后通过自身的重力和惯性力来填充模具中的空腔，最终得到所需的铸件。

a．重力铸造主要优点是适用范围广泛，适用于生产各种形状的铸件，成本低廉，生产效率高，并且操作简单易学。

b．重力铸造缺点是在填充金属液体的过程中，可能会产生缩松缩孔等缺陷，影响铸件的质量。此外，由于重力铸造只依靠金属液体的重力充填模腔，因此对于形状较复杂、墙厚不均匀的铸件难以保证准确性，同时难以控制产品尺寸精度。

（2）相关标准。

1）铸铝原材料标准。

a. 纯铝铸造，原材料相关标准为 GB/T 1196《重熔用铝锭》。

b. 铝合金铸造，原材料相关标准为 GB/T 1173《铸造铝合金》、GB/T 8733《铸造铝合金锭》。

2）铸铝技术要求。

电力金具铸铝件的一般技术要求应符合 GB/T 2314《电力金具通用技术条件》的规定。铸铝件的机械试验应符合 GB/T 2317.1《电力金具试验方法 第 1 部分：机械试验》的规定；电晕和无线电干扰试验应符合 GB/T 2317.2《电力金具试验方法 第 2 部分：电晕和无线电干扰试验》的规定；热循环试验应符合 GB/T 2317.3《电力金具试验方法 第 3 部分：热循环试验》的规定。

重力铸造铝合金铝制件质量应符合 GB/T 9438《铝合金铸件》的规定，压铸铝合金铝制件质量应符合 GB/T 15114《铝合金压铸件》的规定。

（3）常见的铸铝金具产品（悬垂、间隔棒）及典型工艺流程。

1）低压铸造悬垂线夹产品及其工艺流程介绍。悬垂线夹用于将导线固定在绝缘子串上，或将避雷线悬挂在直线杆塔上，也可以用于换位杆塔上支持换位导线以及耐张转角塔跳线的固定。

电力金具领域中，关于悬垂线夹专用的技术条件标准为 DL/T 756《悬垂线夹》。

悬垂线夹的线夹本体采用低压铸造的工艺方式生产，具体的生产流程如图 5-6 所示。

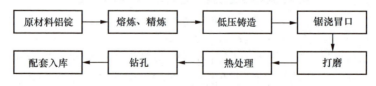

图 5-6　低压铸造悬垂线夹生产流程

2）高压铸造间隔棒产品及其工艺流程介绍。间隔棒是使架空输电线路一相（极）导线中的多根子导线保持一定相对间隔位置的防护金具。主要起到保持子导线相对固定位置的作用。保证不会由于风、冰等影响导致子导线的缠绕和碰撞，防止当子导线之间短路通过电流时而引起的鞭击。

间隔棒的框架、线夹本体、盖板、十字轴均为高压铸造生产（部分特高压工程产品除外），具体的生产流程如图 5-7 所示。

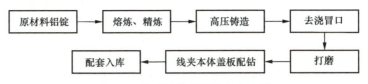

図 **5-7**　高压铸造间隔棒生产流程

5.2.2　铸铁工艺

（1）铸铁工艺介绍。

1）铸铁工艺。铸铁是指将熔化的铸铁液倒入铸型中，经冷却凝固、清整处理后得到有预定形状、尺寸和性能的铸件的工艺过程。铸造毛坯因近乎成形，从而达到减少加工的目的，同时降低了成本、减少了加工时间。铸造工艺有砂型铸造、金属型铸造、压铸等。铸铁优点是工艺性好，包括铸造性能好、熔点低、流动性好、收缩小、切削性能好、耐磨性高，以及优异的消振性、低缺口敏感性，此外其生产成本低廉。其缺点是力学性能相对较差，如抗拉强度、塑性、韧性较低。

铸铁和铸钢的基本区别：

a．铸钢是用钢水或铁水作为原材料，进行熔炼后铸造而成的，其主要特点是硬度高、强度大、耐磨损等。

b．铸铁是以铁、石英砂、石墨等为原材料，经过熔炼、铸造等工艺制成的，主要特点是具有一定的硬度、耐磨性、摩擦性能等。

在电力金具领域中，防振锤锤头、重锤片及小吨位碗头等产品普遍采用铸铁工艺生产制造，如图 5-8 和图 5-9 所示。

图 **5-8**　铸铁防振锤

图 **5-9**　小吨位铸造碗头

（2）相关标准。

1）铸铁原材料标准。电力金具铸铁件原材料相关标准为 GB/T 9440、GB/T 1348。

2）铸铁技术要求。电力金具铸铁件的一般技术要求应符合 GB/T 2314 的规定。其余技术要求符合 DL/T 768.1、DL/T 768.4、DL/T 768.7、GB/T 2317.1、GB/T 2317.4 的规定。

（3）常见的铸铁金具产品（防振锤锤头、重锤片、小吨位碗头）及典型工艺流程。

1）防振锤锤头产品及其工艺流程介绍。防振锤是指安装在导（地）线上，抑制或减小微风振动的一种防护金具。通过两个锤头形成的特有频率，来抵消导线振动时产生的能量，从而减小导线的微风振动。其主要由线夹本体、钢绞线和锤头构成，其中，线夹本体为低压铸造，锤头为铸铁，钢绞线为整捆线切割而成。

电力金具领域中，关于防振锤专用的技术条件相关标准为 DL/T 1099。防振锤的锤头采用铸铁工艺方式生产，具体的生产流程如图 5-10 所示。

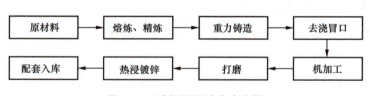

图 5-10　防振锤锤头生产流程

2）重锤片产品及其工艺流程介绍。重锤片作为重要的连接件，在输电线路上用来连接和固定各种设备，防止设备运作中串动或脱落，维护设备的稳定性和安全性，还可增强防风的偏差能力。重锤片为铸铁工艺方式生产，具体的生产流程跟防振锤锤头工艺流程相同，此处不再介绍。

3）小吨位碗头产品及其工艺流程介绍。在输电线路中，碗头挂板作为电网建设中重要的连接金具，主要用于连接悬垂线夹与绝缘子串，与其他配件配合起到连接导线和绝缘的作用。小吨位碗头采用铸铁工艺方式生产，具体的生产流程跟防振锤锤头工艺流程相同，此处不再介绍。

5.2.3　锻造工艺

（1）锻造工艺介绍。锻造是一种利用锻压机械对金属坯料施加压力，使其产生塑性变形以获得具有一定机械性能、一定形状和尺寸锻件的加工方法。锻造方法有许多种，金具产品的锻造主要采用自由锻和模锻方式。

自由锻是利用空气锤等设备冲击力或压力使金属在上下两个抵铁间产生变形以获得所需锻件或者坯料形态。在金具产品锻造中自由锻通常作为坯料的一种开坯方式，为模锻做坯料准备。

模锻是指在专用模锻设备上利用模具使毛坯成型而获得锻件的锻造方法。此方法生产的锻件尺寸精确，加工余量较小，锻件结构也比较复杂、生产率高。

1）锻造设备。金具锻造设备主要包括锻造加热设备、锻造成型设备和锻造落毛边设备。锻造加热方式主要采用燃气炉加热和感应加热两种方式。锻造成型设备主要有曲柄压力机、摩擦压力机及电动螺旋压力机。摩擦压力机由于高能耗及打击力量无法精确控制等原因正逐步被淘汰，而电动螺旋压力机是目前金具厂家锻造成型的主流设备。

2）锻造工艺方式产品特点。通常锻造产品相对于铸造产品来说无缩松缩孔等铸造缺陷，金属组织更致密、力学性能更好；相对于焊接件来说，整体锻造制件力学性能更好。

（2）相关标准。金具锻制件主要包括黑色金属锻制件和有色金属锻制件（如锻铝悬垂、锻铝间隔棒等）。

黑色金属锻制件制造质量相关标准为 DL/T 768.2—2017《电力金具制造质量 第 2 部分：黑色金属锻制件》。

锻造铝合金制件制造质量相关标准为 DL/T 768.5—2017《电力金具制造质量 第 5 部分：铝制件》。

（3）常见的锻造金具产品（悬垂、间隔棒）及典型生产工艺流程。金具锻制件主要包括黑色金属锻制件和有色金属锻制件，其中连接金具（除板件外）主要为黑色金属锻制件如球头、碗头、直角挂板、GD 挂板、EB 挂板、U 形环、延长拉杆等（见图 5-11）。有色金属锻制件主要为锻铝悬垂线夹和间隔棒。

下面主要介绍锻铝悬垂及锻铝间隔棒两种近年来新工艺产品。

图 5-11　直角挂板、延长拉杆、U 形环锻制连接金具半成品

1）锻铝悬垂。锻铝悬垂线夹如图 5-12 所示，采用 6082 铝合金棒锻造而成。其主要生产工艺流程如图 5-13 所示。

图 5-12　锻铝悬垂线夹

图 5-13　锻铝悬垂线夹生产工艺流程

2）锻铝间隔棒（见图 5-14），采用 6082 铝合金棒锻造而成。其主要生产工艺流程如图 5-15 所示。

图 5-14　锻铝间隔棒

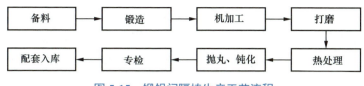

图 5-15 锻铝间隔棒生产工艺流程

5.2.4 焊接工艺

（1）焊接工艺介绍。焊接是一种以加热、高温或高压方式结合金属或者其他热塑性材料的制造工艺及技术。金具的焊接方法主要有手工电弧焊、埋弧焊、钨极氩弧焊、熔化极气体保护焊。铝合金焊接一般采用钨极氩弧焊，是使用氩气作为保护气体的一种焊接技术。气体保护焊如二氧化碳气体保护焊，是以二氧化碳为保护气体的一种焊接方法，主要用于黑色金属板件、支架等焊接。

1）焊接设备。根据焊接方式不同，焊接设备也分为了手弧焊设备、埋弧焊设备、二氧化碳气体保护焊设备、MIG 惰性气体保护焊设备等。除了传统的人工焊接外，现在各厂家都在不断改善和提升，采用自动化焊接专机设备、焊接机器人的进行焊接加工。

2）焊接工艺方式产品特点。对于复杂结构件来说铸—焊、锻—焊、型材—焊接复合工艺，使简单结构组合复杂化，克服铸锻设备不足或者不能直接生产问题，有利于降低生产成本、节约材料、提高经济效益。但焊接也存在一些缺点，如结构不可拆卸、焊接结构容易产生应力和变形、容易出现焊接缺陷等。

（2）相关标准。金具焊接主要包括铝合金制件焊接和钢件焊接，如均压环焊接、联板焊接等。

金具焊接制造质量主要涉及标准为 DL/T 768.6—2021《电力金具制造质量 第 6 部分：焊接件和热切割件》。

锻造铝合金制件制造质量标准主要采用 DL/T 768.5—2017《电力金具制造质量 第 5 部分：铝制件》。

（3）常见的焊接金具产品（均压环、联板）及典型生产工艺流程。金具锻焊接产品主要包括黑色金属焊接产品和有色金属焊接产品，黑色金属锻制件主要为联板钢套和筋板的焊接。有色金属焊接件主要为耐张和均压环焊接。

1）联板（见图 5-17），整个加工工艺流程如图 5-16 所示。

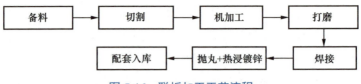

图 5-16   联板加工工艺流程

图 5-17   联板

图 5-18   均压环

2）均压环（见图 5-18），采用铝合金棒弯型焊接而成。其主要生产工艺流程如图 5-19 所示。

图 5-19   均压环生产工艺流程

5.2.5   切割工艺

（1）切割工艺介绍。金具板制件的切割方法主要有火焰切割（见图 5-20）、激光切割（见图 5-21）、等离子切割。

图 5-20   火焰切割

图 5-21   激光切割

火焰切割是利用气体火焰（氧气与燃气形成的火焰）加热钢板表面，使之局部达到燃烧温度，然后通入高纯度、高速度的切割氧流，使金属发生剧烈的燃烧反应并释放热量，同时借助高速切割氧流的巨大动能将燃烧生成的产物吹除并形成割缝。火焰切割金属的厚度最高可达 1.2m，成本低，是切割厚金属板经济有效的手段。

激光切割是将从激光器发射出的激光，经光路系统，聚焦成高功率密度的激光束。激光束照射到工件表面，使工件达到熔点或沸点，同时与光束同轴的高压气体将熔化或气化金属吹走。随着光束与工件相对位置的移动，最终使材料形成切缝，从而达到切割的目的。

等离子切割是利用高温等离子电弧的热量使工件切口处的金属局部熔化（和蒸发），并借高速等离子的动量排除熔融金属以形成切口的一种加工方法。

（2）相关标准。金具板制件制造质量相关标准为 JB/T 10045—2017《热切割质量和几何技术规范》、DL/T 768.6—2021《电力金具制造质量 第 6 部分：焊接件和热切割件》。

（3）常见的切割金具产品（DB 板）及典型生产工艺流程。金具板制件分为连接金具类、重锤片、配件类、特殊产品类四大类，其中连接金具类产品种类非常丰富，主要包括各类型联板，PT、DB、DBS 型调整板，P、PD、PS 型挂板，UB 挂板，PQ/QY 型牵引板，部分 Z/ZS 型挂板。以调整板（DB 板）为例，DB 板是可调节连接长度的板形连接金具，其主要生产工艺流程如图 5-22 所示。

图 5-22　DB 板生产工艺流程

5.2.6　冲压工艺

（1）冲压工艺介绍。冲压是利用压力机和模具对板材、带材、管材等施加外力，使之产生塑性变形或分离，从而获得所需形状和尺寸的工件的成形加工方法。主要用在下料、压形、冲孔等工序中。冲压工艺主要用于板制件金具的落料、冲孔等冲裁加工及弯型、校形塑性变形加工。

（2）相关标准。金具冲压制造质量主要涉及标准为 DL/T 768.3—2017《电力金具制造质量 第 3 部分：冲压件》。

（3）常见的冲压金具产品及典型生产工艺流程。金具冲压产品主要包括小吨位薄板件（如 ZS-7、UB-7 等板制件），以及 U 形环、ZS 挂板弯形件（弯形只是其成形工序中的一道工序）。

ZS-7、UB-7 典型的生产工艺流程如图 5-23 所示。

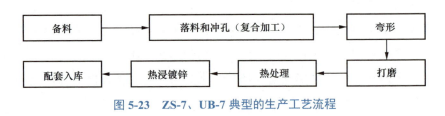

图 5-23　ZS-7、UB-7 典型的生产工艺流程

5.2.7　热处理工艺

（1）热处理工艺介绍。热处理是把产品按一定要求进行加热、保温和冷却，以改善其性能和特性的过程。热处理可以用于降低金属硬度等（如退火热处理）以提高成型及加工性能，也可以用来提高金属硬度等，从而提高产品的强度。

根据对金属的目的不同，需要采用适当的设备和工艺，以便充分控制加热、保温和冷却等过程。加热室气体的大小、类型和混合物必须正确控制温度。淬火介质必须适合正确冷却金属。线路金具中，钢件的热处理方式主要是调质和正火热处理，变形铝合金、铸造铝合金的主要热处理方式有 T6、T1 热处理。

调质处理是金具常用的热处理工艺，通常用于提高钢材的强度和韧性，如 35CrMo 材质的球头、碗头等调质。该工艺包括两个主要步骤：淬火和回火。淬火是通过迅速冷却材料，使其达到高硬度的过程。在淬火过程中，材料被加热到适当的温度，然后迅速冷却，通常使用水、油或淬火液等冷却介质。这种迅速冷却会使材料的组织产生马氏体转变，从而提高硬度。回火是将淬火后的材料按一定加热速率加热到适当的温度并保温，最后缓慢冷却。其目的是通过调整材料的组织结构，减轻内部应力，提高材料的韧性和延展性。

正火也是金具常用的热处理工艺方式，如 35 号材质金具产品采用正火热处理。通过正火后可以改善材料的综合力学性能，也可以改善了金属的切削加工性能。

T6 热处理工艺包括了固溶和时效两个阶段。固溶是按一定参数要求加热保温，然后快速冷却的热处理工艺。T6 热处理工艺不仅能显著提高金属材料的力学性能，而且还有利于改善金属材料的结构耐腐蚀性能和耐磨性能，如 6082 锻铝悬垂、锻铝间隔棒通常采用 T6 热处理。铝合金热处理 T1 由高温成型过程冷却，然后自然时效至基本稳定的状态。

（2）相关标准。涉及标准有 GB/T 13320—2007《钢质模锻件金相组织评级图及评定方法》、GB/T 1172—2018《黑色金属硬度及强度换算值》、GB/T 16923—2008《钢件的正火与退火》、GB/T 16924—2008《钢件的淬火与回火》、GB/T 25745—2010《铸造铝合金热处理》、YS/T 591—2006《变形铝及铝合金热处理》等。

（3）常见的热处理产品（球头碗头）及典型生产工艺流程。金具热处理主要包括黑色金属热处理和有色金属热处理，以 35CrMo 调质为例，常见的产品为球头碗头，其主要生产工艺流程如图 5-24 所示。

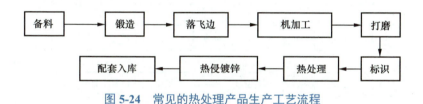

图 5-24　常见的热处理产品生产工艺流程

5.2.8　切削加工工艺

（1）切削加工工艺介绍。切削加工工艺是用机加设备和刀具将工件上多余材料切除，以获得所要求的几何形状、尺寸精度和表面质量的方法和过程。切削加工是金具的主要加工方式之一，主要有车削、钻削、铣削等，如钢锚车加工外圆和钻孔、板件铣面加工和钻孔、碗头铣球窝和开档、直角挂板铣开档等。车削、钻铣加工示意图分别如图 5-25 和图 5-26 所示。

切削机加工工艺通常是金具加工不可或缺的生产工艺之一，通常用于铸造、锻造、冲压、切割等生产工艺不能直接做出来而需要机加方式补充加工而成的产品成形。相对于金具其他成形工艺来说，切削加工通常具有高精度、低效率的加工特点。

图 5-25　车削加工示意图

图 5-26　钻铣加工示意图

（2）相关标准。产品需符合 GB/T 2314—2008《电力金具通用技术条件》相关要求。

（3）常见的切削加工产品（碗头）及典型生产工艺流程。在金具产品中，GD 挂板、EB 板、碗头挂板、直角挂板等都涉及切削加工，以碗头挂板为例，碗头挂板主要生产工艺流程如图 5-27 所示。

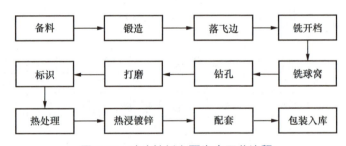

图 5-27　碗头挂板主要生产工艺流程

5.2.9　热浸镀锌工艺

（1）热浸镀锌工艺介绍。热浸镀锌是使熔融金属与铁基体反应而产生合金层，从而使基体和镀层二者相结合。为了去除钢铁制件表面的氧化铁，先将钢铁制件进行酸洗，然后，在氯化铵或氯化锌水溶液或氯化铵和氯化锌混合水溶液槽中进行清洗，再送入热浸镀槽中。热浸镀锌具有镀层均匀，附着力强，使用寿命长等优点。钢铁制件类的金具通常采用热浸镀锌工艺进行表面防腐处理。镀锌黑色金属是钢和锌复合形成的材料，它把两种材料的优点结合在一起，有钢的强度和塑性，又有耐腐蚀的镀层。在大气中，锌的抗腐蚀能力比钢铁强得多，通常条件下锌的抗腐蚀能力是钢铁的 25 倍。锌镀层在黑色金属的表面，通过物理作用和电化学作用，使黑色金属免除腐蚀介质的腐蚀作用。

热浸镀锌具有防腐性能好、镀层的附着力好、韧性强、防腐全面、可靠性好等优点。

（2）相关标准。热浸镀锌工艺相关标准有 GB/T 13825—2008《金属覆盖层　黑色金属材料热镀锌层　单位面积质量称量法》、DL/T 768.7—2012《电力金具制造质量 钢铁件热镀锌层》等。

（3）常见的热浸镀锌金具产品及典型生产工艺流程。金具产品黑色金属锻制件、板制件都有镀锌工艺的要求，以黑色金属锻制件碗头挂板为例，碗头挂板热浸镀锌的工艺过程如图 5-28 所示。

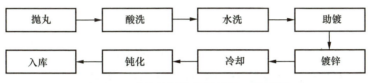

图 5-28　碗头挂板热浸镀锌的工艺过程

在热浸镀锌过程中需要严格把控各个流程的时间和各个流程使用试剂配比，得出适用于自身产品的工艺数据。

5.2.10　预绞丝成型工艺

（1）预绞丝成型工艺介绍。预绞丝成型过程是将金属丝或非金属丝经过模具成型形成螺旋状线材。预绞丝的原材料为一捆金属丝或非金属丝，将其送入预绞丝成型设备与成型模，将丝挤压成设计的形状即可。由于预绞丝切断后，断口尖锐，为防止其在线路上放电，并防止损伤导线，需要对两端的尖锐处打磨成圆角。预绞丝成型过程中，会沾上很多油污，降低其握力，因此需要对其进行清洗。

在电力金具领域中，架空线路常用预绞式金具包括预绞式悬垂线夹，预绞式耐张线夹，预绞式防振锤、接续条、护线条等（见图 5-29）。

（2）相关标准。

1）预绞丝原材料标准。

a. 铝合金丝的抗拉强度不应低于 340MPa，铝包钢丝的抗拉强度不应低于 1100MPa。

b. 预绞丝所用镀锌钢丝的力学性能、镀锌质量等性能应符合 YB/T 4222 的规定。

图 5-29　预绞式接续条、钢绞线

c．绝缘线缆用预绞式耐张线夹用的预绞丝材料应采用强度高于绝缘线缆芯的金属丝制造。

2）技术要求。

a．预绞式金具一般技术要求应符合 GB/T 2314 的规定。

b．制造预绞线的单丝直径公差应符合 GB/T 17937、GB/T 23308 和 YB/T 4222 的规定。

c．其余技术要求符合 DL/T 763、DL/T 766、DL/T 767 的规定。

（3）常见的预绞式金具产品（预绞式护线条、预绞丝耐张线夹）及典型工艺流程。

1）预绞式护线条产品及其工艺流程介绍。预绞式护线条是指缠绕在架空电力线路绞线外层安装的传统悬垂线夹及支柱绝缘子上，保护绞线不受各种电力及机械损伤。也可作为修补条，用来修补已受损的绞线，以恢复绞线的机械强度及电气性能。

电力金具领域中，关于预绞式护线条的技术条件标准为 DL/T 758。预绞式护线采用预绞成型的工艺方式生产，具体的生产流程如图 5-30 所示。

图 5-30　预绞式护线条的生产流程

2）预绞式耐张线夹产品及其工艺流程介绍。预绞式耐张线夹是由金属预绞丝及配件组成，在线路中使用时需要进行预拉力，将导地线拉在耐张杆塔上，以确保电力线路的传输稳定性。预绞式耐张线夹分为单层、双层和三层预绞式耐张线夹。

电力金具领域中，关于预绞式耐张线夹相关的技术条件和试验方法的行业标准有 DL/T 757、DL/T 763、DL/T 766、DL/T 767。

预绞式耐张线夹采用预绞成型的工艺方式生产，具体生产流程如图 5-31 所示。

图 5-31　预绞式耐张线夹的生产流程

5.2.11　弯型工艺

（1）弯型工艺介绍。

1）弯型工艺。弯型工艺是一种常用的金具加工方法，弯型工艺是将板料、棒料、管料或型材等通过施加力量将金属材料弯成一定形状和角度零件的成形方法。在生产中弯曲件的形状很多，如 V 形件、U 形件、帽形件、圆弧形件等。这些零件可以在压力机上用模具弯曲，也可以用专用弯曲机进行折弯或滚弯。在电力金具领域中，弯型工艺已广泛应用于均压环、耐张线夹、U 形环、UB 挂板等产品的生产制造中，如图 5-32 所示。

图 5-32　UB 挂板

（2）相关标准。

1）原材料标准。

a. 均压环、屏蔽环和均压屏蔽环环体应采用符合 GB/T 4437.1 规定的材料制造。

b．支架应采用符合 GB/T 6892 规定的牌号不低于 1050A 的铝合金或符合 GB/T 700 规定的抗拉强度不低于 375N/mm 的钢材制造。

2）技术要求。金具一般技术要求应符合 GB/T 2314 的规定。均压环、屏蔽环及均压屏蔽环的机械试验按 GB/T 2317.1 的规定执行，电晕及无线电干扰试验按 GB/T 2317.2 的规定执行，验收按 GB/T 2317.4 的规定执行。

（3）常见的弯型金具产品（均压环）及典型工艺流程。

1）均压屏蔽环产品及其工艺流程介绍。均压屏蔽环分为均压环和屏蔽环。均压环用于改善绝缘子串中绝缘子的电压分布，保护绝缘子。屏蔽环起均匀电场，防止产生电晕放电作用。

电力金具领域中，关于均压屏蔽环的技术条件标准为 DL/T 760.3。由于均压环和屏蔽环结构型式类似，生产工艺基本一致，其部件分为主管和支架，主管的生产流程如图 5-33 所示。

图 5-33　主管的生产流程

支架的生产流程如图 5-34 所示。

图 5-34　支架的生产流程

5.3　包装和运输

产品生产厂家检测合格后需进行包装入库，并进行运输发货给客户。

5.3.1　包装

金具产品种类多，标准上对于包装无具体规范要求，不同生产厂家及不同的类型的产品包装方式都有差异。一般来说，包装的原则是避免产品在储存、运输、装卸等全过程中损伤，有利于搬运、装卸，包装要符合安全环保原则。

金具的包装通常有木箱包装、吨袋包装、托盘捆扎包装、托盘＋包缠带包装等多种包装方式，不同厂家包装具体方式有差别。

常见的包装方式及要求如表 5-1 所示。

表 5-1　　　　　　　　　　　　常见包装方式及要求

包装方式	主要要求	示例
木箱包装	（1）根据所需包装物品的尺寸和重量，设计合适尺寸的木箱，避免包装过大或过小，影响包装效果。根据包装物品的特点，合理设计木箱的内部结构，增加支撑和加固，以防止运输途中的振动和碰撞对物品造成损坏； （2）木箱包装好后，在木箱表面标明包装物品的相关信息，如重量、尺寸、易碎品标识等，以便于运输和搬运人员正确操作	
托盘+钢带捆扎包装	（1）每件托盘包装单一种类产品规格，当剩余产品不能完全满足一个托盘包装时，允许在同一个托盘上包装两种或三种规格产品，但不能包装超过三种规格型号产品，托盘打包后总重量 1.5~2.0t； （2）钢带包装采用米字形、井字形、十字形或者平行线形等形式的打包方式，钢带与产品接触受力部位应采用隔垫物将产品与钢带隔开，防止钢带刮伤产品； （3）托盘包装好后，在外包装上标明线路工程及产品相关信息	
吨袋+包缠包装	（1）装袋前：底部应进行防护隔垫，防止转运损伤； （2）包装过程中：对板类件产品尖角、突出部位等易在运输途中磕碰的部位应加泡沫等软材料包裹； （3）包装后：封口包装袋，并在包装袋上标识，标识信息包括合格证、工程名称、产品型号、数量、包装袋整体重量等相关信息	
包缠包装	包缠包装通常涉及使用不同类型的包装材料，如塑料薄膜、泡沫材料、纸箱等，将产品包裹起来，以保护产品在运输和储存过程中不受损坏。避免产品表面被划伤或碰伤、支架高度尺寸发生变化、支架安装部位定心距离发生改变、产品表面脏物、油污等问题的出现	

5.3.2　运输

　　运输时要避免遭受冲撞、挤压和机械损伤。首先需要选择适合的运输工具和包装方式，确保货物在运输过程中得到有效的保护；其次，货物在装卸和运输过程中要采取谨慎的操作，避免碰撞或挤压货物。

　　在运输过程中，特别是涉及易受潮的货物时，应当采取措施预防受潮。一些常见的预防措施包括使用防水包装材料如塑料薄膜或防水纸箱，并确保包装完好无损；在运输工具上妥善堆放货物，避免接触地面或墙壁，以减少受潮的风险；在潮湿环境下，可能需要使用干燥剂或防潮剂来吸收空气中的湿气。除此之外，还需要确保运输工具本身也有防水措施，尤其是在海运或空运中，选择合适的集装箱或舱位也很重要。通过这些预防措施，可以有效保护货物，避免受潮而造成损失。

若产品发到客户交货地点后需要二次运输的，注意运输时要避免遭受冲撞、挤压和机械损伤，相关注意事项同上述第一次运输时一样，相关流程见表 5-2。

表 5-2 运输及运输前相关流程

阶段状态	工作内容
入库	库管员接到转交来的检验合格报告，对照报告单上品名、规格、型号、数量点数入库，进入系统录入有关信息，开具"成品入库单"
出库	仓库在收到发货单时，需根据物料名称和规格型号进行配备产品，配送人员必须和仓管一起核对好物料名称、规格、数量等，杜绝规格与数量错误，双方确认无误后，分别在领料单上签字，库管员进入系统录入配送信息
发货运输	（1）运输时要避免遭受冲撞、挤压和机械损伤； （2）在运输过程中，特别是涉及易受潮的货物时，需做好预防受潮的措施

5.4　检　验　及　验　收

5.4.1　验收项目

金具由制造厂的技术检验部门检验合格后方能出厂，制造厂应保证所有出厂的金具符合国家相关标准规定及图样规定的有关技术条件。同一批次产品为了证实材料和产品的性能需要进行随机抽检试验，新产品试制定型与设计、材料或工艺更改后要进行型式试验。产品抽检要求、产品试验项目、原材料检验项目需符合如下要求。

（1）产品抽检数量。产品抽检数量要求如表 5-3 所示。

表 5-3 产品抽检数量要求

每批产品数量	试品最小数量
1~3	全部
$n < 100$	3
$100 \leqslant n < 500$	4

续表

每批产品数量	试品最小数量
$500 \leqslant n \leqslant 20000$	$p=4+1.5n/1000$
$n>20000$	$p=19+0.75n/1000$

注　n—金具批量；p—抽样数量(最接近的整数)。

（2）金具产品试验项目。金具产品的试验项目包括外观、尺寸、性能等，具体如表 5-4 所示。

表 5-4　　　　　　　　　　金具产品试验项目

序号	试验项目	悬垂线夹	耐张线夹	接续金具	连接金具	防护金具	防护金具（防振锤）	防护金具（间隔棒）
1	外观	○●	○●	○●	○●	○●	○●	○●
2	尺寸	○●	○●	○●	○●	○●	○●	○●
3	组装	○●	○●	○●	○●	○●	○●	○●
4	热浸镀锌层	○●	○●	○●	○●	○●	○●	○●
5	非破坏性试验				●[b]			
6	机械强度试验	○●	○●[b]		○	○●	○	○●
7	握力	○	○	○		○	○●	○●
8	电阻		○	○				
9	温升		○	○				
10	热循环电晕和无线电干扰		○	○[a]	○	○	○	○
11	线夹与螺栓紧固试验						○	
12	功率特性试验						○	
13	防振效果评估试验						○	
14	疲劳试验						○	○
15	弹性元件性能试验							○

注　a　仅用于 330kV 及以上的金具。
　　b　仅用于螺栓形及楔形耐张线夹。
　　1. 型式试验○；抽检试验●。

（3）原材料检验项目（见表 5-5）。

表 5-5 　　　　　　　　　　　　　　　　原材料检验项目

检测项目	检测内容	相关要求
钢材	外观（目测）	（1）圆钢表面不允许有目视可见的裂纹、折叠、气泡、结疤、夹杂、鳞皮、压入氧化皮，以及严重锈蚀等缺陷存在； （2）圆钢端边或断口不应有分层夹渣等缺陷； （3）圆钢端面用颜色标明材质； （4）钢板表面不允许存在裂纹、气泡、结疤、折叠和夹杂等对使用有害的缺陷，以及影响钢板尺寸的严重锈蚀缺陷，钢板侧面不得有分层； （5）角钢和槽钢表面不应有裂缝、折叠、结疤、分层和夹杂，以及严重锈蚀； （6）角钢和槽钢表面不允许有超过尺寸公差的凹坑、麻点、刮痕和氧化铁皮压入等缺陷； （7）不应有大于 5mm 的毛刺； （8）钢管的内外表面不允许有目视可见的裂纹、折叠、结疤、轧折、离层，以及影响产品质量的严重锈蚀
	尺寸（游标卡尺等）	尺寸允许偏差参考相关标准
	化学成分（直读光谱仪等）	化学成分检测参考相关标准
钢材	力学性能（拉力试验机）	试样与取样方法参考 GB/T 228.1 和材料相关标准
铜及铜板	外观（目测）	表面应清洁，不允许有分层、裂纹、起皮、夹杂和绿锈，允许修理、修理后不应使板材厚度超出允许偏差
	尺寸（游标卡尺等）	尺寸允许偏差参考相关标准
	化学成分（直读光谱仪等）	化学成分检测参考相关标准
	力学性能（拉力试验机）	试样与取样方法参考 GB/T 228.1 和材料相关标准
铝锭	外观（目测）	（1）铝锭应呈银白色，铝锭表面应整洁，无较严重的飞边或气孔，无霉斑及夹杂物，允许轻微夹杂物及因浇铸引起的轻微裂纹； （2）每块铝锭上应浇铸或打印材质标识、生产厂标志、熔炼号和检印
	化学成分（直读光谱仪等）	化学成分检测参考相关标准
铝棒、铝管、铝（合金）型材、铝（合金）板材、铝合金线材	外观（目测）	（1）表面应光滑，无裂纹、凹坑、腐蚀及夹杂物，表面应干净、呈自然色，无其他油污、涂料等； （2）铝（合金）管必须按照规定的包装来包装产品，产品表面为热挤压表面，表面应光滑、无裂纹、腐蚀、夹杂物及油污等缺陷。不允许有影响产品质量的起皮、气泡、划伤、碰伤、凹坑等缺陷； （3）耐张、接续、补修等压接用铝管的料头必须切除干净； （4）铝合金型材必须按照规定的包装来包装产品，注意产品的表面防护，材料表面应清洁，不允许有裂纹和腐蚀斑点，严重碰伤，油污等缺陷存在。

检测项目	检测内容	相关要求
铝棒、铝管、铝（合金）型材、铝（合金）板材、铝合金线材	外观（目测）	（5）型材上需要加工的部位，其表面缺陷深度不得超过加工余量（该点的实测厚度与允许的最小厚度的差值）； （6）型材表面不允许有起皮、起泡。允许有局部、轻微的碰伤、划伤、压痕、擦伤等缺陷，但上述缺陷的深度，在装饰面上不得大于 0.01mm； （7）板、带材的表面缺陷深度不应超出板、带材厚度的允许负偏差，并保证板、带材的最小厚度； （8）产品外观不允许有划伤、碰伤、起皮三角口、气泡、裂纹、金属压入、腐蚀斑点等缺陷存在；允许有深度不超出线材直径允许偏差值之半的擦伤、卷筒啃伤、凹痕拉道； （9）线材不允许出现折弯或缠绕混乱的现象
	尺寸（游标卡尺等）	尺寸允许偏差参考相关标准
	化学成分（直读光谱仪等）	化学成分检测参考相关标准
	力学性能（拉力试验机）	试样与取样方法参考 GB/T 228.1 和材料相关标准
锌锭	外观（目测）	（1）锌锭表面应整洁，无较严重的飞边或气孔，熔洞、缩孔、夹层、浮渣和外来夹杂物； （2）每块锌锭上应浇铸或打印材质标识、生产厂标志、熔炼号和检印
	化学成分（直读光谱仪等）	化学成分检测参考相关标准

5.4.2　检验标准

电力金具标准对黑色金属铸件、黑色金属锻件、冲压件、球墨铸铁件、铝制件、焊接件和热切割件等产品外观、尺寸、力学性能、电气性能、装配等多方面性能有具体要求。检验标准包括电力金具相关试验标准、产品标准、材料标准等多类标准，部分标准见表 5-6。

表 5-6　　　　　　　　　　　　　检验标准

种类	项目	标准
原材料	圆钢	GB/T 3077—2015、GB/T 700—2006、GB/T 699—2015、GB/T 1220—2007
	钢板	GB/T 1591—2018、GB/T 700—2006、GB/T 713—2014
	角钢/槽钢/型钢	GB/T 706—2016、GB/T 700—2006
	无缝钢管	GB/T 8163—2018、GB/T 8162—2018
	铝锭	GB/T 1196—2017、GB/T 8733—2016

种类	项目	标准
原材料	铝棒	GB/T 3191—2010、GB/T 3190—2008
	铝管	GB/T 4437.1—2015、GB/T 4436—2012、GB/T 2314—2008
	铝（合金）型材	GB/T 6892—2015、GB/T 3190—2008
	铝（合金）板材	GB/T 3880—2012、GB/T 3190—2008
	铝及铝合金线材	GB/T 3195—2016、GB/T 3190—2008、DL/T 763—2013
	铜及铜板	GB/T 2040—2017、GB/T 4423—2007、GB/T 20078—2006
产品	通用技术条件	GB/T 2314—2008
	尺寸	GB/T 2315—2017、GB/T 4056—2019、DL/T 768.1—2017、DL/T 768.2—2017、DL/T 768.3—2017、DL/T 768.5—2017、DL/T 768.6—2021
试验	试验	GB/T 2315—2017、GB/T 2317.1—2008、GB/T 2317.3—2008、GB/T 2317.4—2023、DL/T 768.7—2012、DL/T 1098—2016、DL/T 1099—2021、GB/T 228.1—2021

5.4.3　典型缺陷

金具产品在生产制造过程中可能会有以下典型缺陷，见表5-7。

表 5-7　　　　　　　　　　　　　　　典型缺陷

缺陷描述	原因分析	示意图	缺陷依据
产品过烧	产品加热时间过长或加热温度过高		GB/T 2314 DL/T 768.2
产品标识不清	刻字型号深度不足或锌层过厚，覆盖型号		GB/T 2314 GB/T 2317.4
铸件缩松缩孔	产品压铸压力不够或模具设计不合理		GB/T 2314 DL/T 768.5

续表

缺陷描述	原因分析	示意图	缺陷依据
焊接产品镀锌后出现流黄水现象	焊缝有焊接缺陷，如未融合、未封头		GB/T 2314 DL/T 768.6
产品锻打后出现叠层	锻造开坯模设计不合理或锻造温度不够		GB/T 2314 DL/T 768.2

5.4.4　缺陷处置

金具典型缺陷处置及预防措施见表 5-8。

表 5-8　　　　　　　　典型缺陷处置及预防措施

产品问题描述	处置措施	预防措施
产品麻面	返工，打磨表面合格后再镀锌	严格执行加热工艺参数，禁止超时加热或超温加热
产品标识不清	返工处理	制订刻字规范，保证标识深度，控制镀锌工艺
铸件缩松缩孔	进行外观检测、探伤检测，并进行拉力试验，不合格品报废处理	调整铸造工艺参数，优化模具设计
焊接产品镀锌后出现流黄水现象	返工处理	培训焊接人员，保证焊缝质量
锻造叠层	进行外观检测及探伤检测，有叠层产品做报废处理	优化生产工艺，控制锻造温度

5.5　到　货　验　收

5.5.1　验收项目

现场由于包装对产品验收存在一定影响，因此需要对到场产品进行拆包抽检。

（1）外观验收。通过目视观察产品是否有变形、磕碰、产品表面积水、包装内部积水，产品的紧固件是否脱落丢失。用游标卡尺和钢卷尺对产品尺寸进行抽检，使用覆层测厚仪检测镀锌类产品的锌层厚度。

（2）材质验收。检查到场产品的所需提供的各项纸质资料是否齐全，对照收货单上品名、规格、型号、数量是否一致，材质书上各项成分含量是否符合相应标准要求。

（3）其他验收。由于产品通过各个厂家进行提供，在外观、材质等验收完成后，对产品进行现场小型组串连接，判断产品连接后是否存在干涉现象。厂家发货前应按要求进行串型连接，并提供相关组串报告。

当金具与铁塔、导线、绝缘子等有连接时，应把对应金具与其相连接的导线、绝缘子进行试装检验。（金具厂家在制造相关制件时需应了解到线路相关标段金具需配合的其他外部厂家相关配合连接产品尺寸，保证金具与其他件的装配连接。）

5.5.2　验收标准

产品需符合招标技术文件的要求并提供相应的纸质资料，验收标准依据5.4.2进行。

章后导练

基础演练

1. 电力金具包含了哪些类型的金具？线路金具包含了哪些类型金具？

2. 连接金具种球头、碗头的生产工艺流程是什么？

3. 线路金具的包装原则是什么？主要包装方式有哪些？

4. 各类线路金具的试验项目分别有哪些？

5. 采用焊接工艺生产的常见金具有哪些？

6. 联板类金具主要有哪几种切割方式？

7. 金具制造中常见的缺陷有哪些？对应什么标准？

提高演练

1．间隔棒的生产工艺有哪些？各种工艺有什么优缺点？

2．线路金具的主要成形工艺种类有哪些？碗头类金具生产涉及其中哪些工艺？

3．简述锻制连接金具的生产工艺和主要用到的设备种类？

4．线路金具在架空输电线路起什么作用？其检测标准有哪些？

5．金具制造中常见的缺陷有哪些？对应什么标准？

案例分享

本章内容专业技术方面需要注意的要点：

架空电力线路金具主要包括悬垂线夹、耐张线夹、连接金具、接续金具和防护金具几大类产品。线路金具的制造工艺种类很多，按照各类产品的主要成形工艺分为铸铝工艺、铸铁工艺、锻造工艺、焊接工艺、切割工艺、冲压工艺、热处理工艺、切削加工工艺、热浸镀锌工艺、预绞丝成型工艺、弯型工艺等。

导读

盘形悬式瓷绝缘子是一种重要的线路绝缘子，在输电线路中起到绝缘和固定导线的作用，它是由下表面带有或不带有棱的盘状或钟罩状瓷绝缘件与外部的帽和内部的钢脚组成的附件通过水泥胶合剂沿着其轴线同轴地胶装在一起构成的绝缘子，使用时通过标准的球窝连接或槽型连接串成需要的绝缘子串，用于各种电压等级和不同地区的线路上，在国内外输电线路中具有悠久的历史和丰富的使用经验。

本章首先介绍盘形悬式瓷绝缘子的主要组成部分、伞型结构的选择和瓷绝缘件头部结构种类，然后介绍了产品的生产准备、制造工艺、包装及运输、检验等方面的相关内容，最后从客户角度出发，介绍了到货验收的项目和标准。

重难点

（1）重点：介绍盘形悬式瓷绝缘子的制造环节，包括生产准备和制造工艺；产品典型缺陷和处置方法，以及产品出厂的常规检验。

（2）难点：在于掌握盘形悬式瓷绝缘子的产品基础知识，比如常用等级及相对应的连接型式，常规伞型种类及性能特点等；掌握盘形悬式瓷绝缘子运输中的注意事项，以及产品的检验和验收项目与标准。

重难点	包含内容	具体内容
重点	制造环节	1. 生产准备 2. 制造工艺
	典型缺陷及缺陷处置方法	1. 缺陷种类及原因 2. 缺陷处置方法
	检验	检验项目和标准
难点	产品基础知识	1. 产品等级与连接型式 2. 常规伞型种类及性能特点
	运输	二次转运
	检验及验收	1. 逐个试验 2. 抽样试验 3. 型式试验 4. 到货验收

第6章 盘形悬式瓷绝缘子

盘形悬式瓷绝缘子是由瓷绝缘件与外部的铁帽和内部的钢脚通过水泥胶合剂胶装在一起构成的一种绝缘子。根据不同电压等级组装成不同串长并应用于输电线路上，起到绝缘和悬挂导线的作用。

盘形悬式瓷绝缘子主要由六个部件组成（见图6-1），其中绝缘性能是由瓷件来承担，瓷件一般都是由绝缘子厂家生产，瓷质分为硅质瓷和铝质瓷两种，铝质瓷的强度高于硅质瓷，这两种瓷质配方成本差距很大，但铝质瓷的可靠性明显好于硅质瓷，这个可以通过瓷质化学成分中的氧化铝含量来判断。铁帽和钢脚是用于绝缘子之间以及与金具之间的连接，铁帽一般都是绝缘子厂家从铸造厂采购的，其材质分为球墨铸铁和可锻铸铁两种，球墨铸铁强度高于可锻铸铁，目前国内基本以球墨铸铁为主；钢脚由锻造厂制造，一般采用碳结钢或合金钢锻造后表面热镀锌加工而成。锁紧销是用于绝缘子之间以及与金具之间连接后的锁紧，分为 W 形和 R 形两种，基本都是 304 不锈钢材质。胶合剂是用水泥、骨料以及添加剂调制而成，水泥采用硅酸盐或铝酸盐水泥。缓冲垫放在钢脚和瓷件之间，主要是缓冲钢脚受到撞击对瓷件的伤害，其材料一般采用油毡纸垫或软木垫等。

盘形悬式瓷绝缘子从伞形上分普通形、钟罩形和空气动力形，空气动力形又分为草帽形、双伞形和三伞形（见图6-2）。普通型绝缘子，其结构形状简单适合在清洁地区使用。钟罩型绝缘子的下表面有较深的棱槽，保护爬电距离较大，能够充分发挥其优良的绝缘性能，在沿海盐雾地区使用较为广泛。草帽型绝缘子盘径大，开放外形在线路运行中积污率低，自清洁性能好，穿插使用在绝缘子串的上部和中部，可以防止积雪融化时产生的冰溜及鸟粪造成的闪络事故。双伞型和三伞型绝缘子爬距大，有更强的耐污闪能力，伞型开放，群内光滑无棱，积灰速率低，风雨自洁性能好，人工清扫和冲洗方便，在多粉尘的环境下使用更能发挥伞形结构的优越性，适应各种运行条件尤其是重污秽地区，也适应高海拔、沙漠干燥地区。双伞型产品用量较多，三伞型产品出现时间较晚，但目前已经大量的使用。

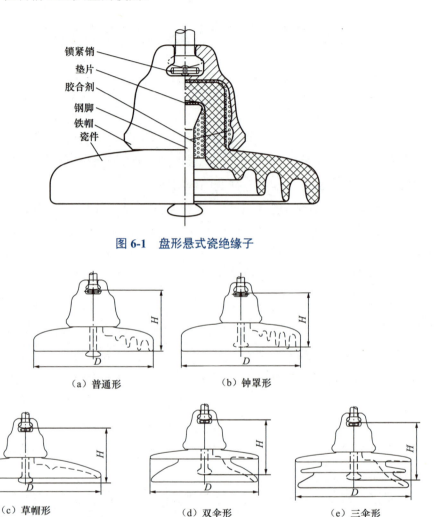

图 6-1　盘形悬式瓷绝缘子

（a）普通形　　（b）钟罩形

（c）草帽形　　（d）双伞形　　（e）三伞形

图 6-2　盘形悬式瓷绝缘子结构形状

　　盘形悬式瓷绝缘子分为圆柱头结构和圆锥头结构，两种结构的受力方式不同，中国传统工艺为圆锥头结构，美国和日本采用圆柱头结构。近几年，为了稳定产品性能，实现自动化与智能化生产，国内的骨干企业已经实现全等级悬式瓷绝缘子采用圆柱头结构进行生产。从行业发展趋势来看，盘形悬式瓷绝缘子未来的发展方向是瓷件头部采用圆柱头结构，瓷质配方采用工业氧化铝配方。

6.1　生　产　准　备

盘形悬式瓷绝缘子生产准备主要是：用于瓷件生产的矿物和化工原料的选择和采购，用于组装的水泥胶合剂、铁帽、钢脚、锁紧销、缓冲垫等材料的采购，以及生产设备的检修和工装器具的准备。

6.1.1　矿物及化工原料

高压电瓷的坯釉化学成分中主要含有二氧化硅、三氧化二铝及少量碱金属氧化物与碱土金属氧化物等。在电瓷的实际生产中，高压电瓷坯料系由黏土、长石、石英适当的配比调配而成。此外，为了制造高强度电瓷，需要使用高铝原料及其他特殊原料。为了调制各种釉料，还需要用到若干金属氧化物。

电瓷工业中常用的原料可分为下列几类：

可塑性原料——有黏土、高岭土、膨润土等；

瘠性原料——有石英、瓷粉、黏土熟料等；

熔剂原料——有长石、钙、镁、钡的碳酸盐等；

其他原料——有铝矾土、工业氧化铝、金属氧化物等。

（1）黏土原料。黏土原料是电瓷工业中常用的可塑性原料，也是电瓷坯料的主要成分，约占 50%。黏土在电瓷坯釉料中的作用是十分重要的。

黏土原料具有一定的可塑性，是电瓷坯料可塑性的来源，也是坯料干燥、烧成收缩的来源；由于黏土颗粒很细，能高度分散在水中，所以在釉料中配入适量的黏土，能使釉浆具有良好的悬浮性和稳定性。

（2）瘠性原料。电瓷工业中，常以石英作为瘠性原料，用作改善坯料的工艺性能。

1）石英在坯体中的作用可从以下三方面去了解：

a. 作为瘠性料，可以降低坯体的干燥收缩和变形，并有助于加速干燥过程。

b. SiO_2 是坯体中主要组成，在高温时部分石英参加烧结反应，熔解于长石液相中，使融体的黏度增大，减小变形等，坯体内未熔解的石英以方石英和游离石英形态存在，可构成坯体骨架，也减弱变形倾向；石英熔解于长石液相中所形成的玻璃具有较高的机械强度、电气绝缘性能和耐化学腐蚀性。

c．由于石英在高温下的多晶转变产生体积膨胀，适量时可以抵消由于黏土类矿物脱水收缩，减少坯体开裂，所以控制适当的升温速度，尽可能使石英晶型转变体积膨胀与黏土类矿物脱水体积收缩在某一温度范围内进行，就能化消极因素为积极因素，提高产品的合格率。

（3）熔剂原料。

1）长石是碱金属、碱土金属的铝硅酸盐，其化学通式为 $R_2O \cdot Al_2O_3 \cdot 6SiO_2$ 或 $RO \cdot Al_2O_3 \cdot 2SiO_2$。

2）长石在电瓷坯料中起如下作用：长石属于非可塑性原料、起瘠化剂作用；作熔剂降低瓷坯烧成温度，是坯料碱金属氧化物的主要来源；高温液态下的长石玻璃能促使石英和高岭石等矿物的熔解，在液相中互相渗透而加速莫来石结晶的成长；高温熔化后生成的长石玻璃填充在瓷体孔隙之间，可增加瓷体致密性，从而提高瓷体的机电性能。

3）长石也是釉层中玻璃相的主要成分，调整长石的种类和数量，可以适当地控制釉料的成熟温度，流动性能等。

（4）其他原料。

1）高铝原料。电瓷工业中为提高氧化铝含量，常使用工业氧化铝或铝矾土。铝矾土的主要矿物组成是高岭石与含水铝氧，工业氧化铝为白色粉末，引入坯料时必须高温煅烧，使生成 $\alpha\text{-}Al_2O_3$。$\alpha\text{-}Al_2O_3$ 具有优良的电气性能，化学稳定性好、强度高、耐冷热急变性强。煅烧氧化铝引入对提高瓷质机械强度较铝矾土显著，对稳定产品质量起到关键作用，因为其价格高，所以近几年国内主要悬式瓷绝缘子生产企业才开始应用。

2）碳酸盐类原料。碳酸盐类原料有碳酸钙、白云石等，在直流瓷绝缘子坯料中，加入了碳酸钡，用来降低钠离子迁移速度。虽然这类原料本身具有很高的熔点，但是在煅烧过程中却能与坯釉中其他组分生成低共熔化合物，降低烧成温度，增大坯釉的烧结温度范围。

3）金属氧化物。电瓷产品釉料中一般采用金属氧化物作为色剂。在电瓷棕釉配方中，广泛使用氧化铁、氧化铬、氧化锰作着色剂。在电瓷灰釉配方中，采用氧化锆、硅酸锆。在半导体釉中，一般采用二氧化锡、五氧化二锑等金属氧化物。

6.1.2 水泥胶合剂

瓷绝缘子产品通常是由瓷件（主要起绝缘作用）和金属附件（主要起机械连接、支持和导电作用）结合而成。使瓷件与金属附件结合成一个整体，需利用胶合剂的粘接能力。瓷绝缘子产品使用的胶合剂一般有硅酸盐水泥胶合剂、高铝水泥胶合剂等，硅酸盐水泥胶合剂由于其性能稳定，耐久性好，体积变化小，强度较高，使用方便，是目前大多数电瓷产品采用的水泥胶合剂。目前高铝酸盐水泥胶合剂各厂家正在研究，是未来水泥胶合剂的发展方向。

胶合剂性能是指用于绝缘子瓷件与附件之间永久连接的灌注填充物，经适当养护或冷却凝固后的硬化体所具有的在绝缘子中工作所必要的性能。通常以绝缘子胶装相同条件或标准规定条件下规定试样的试验结果表示。胶合剂的性能直接决定或影响胶装产品的机械、电气性能和产品的寿命。

胶合剂的机械性能、体积稳定性和耐久性良好，无疑是胶装产品高质量的必要保证，而胶合剂性能试验则正是提供这一必要保证的可靠前提。胶合剂的某些性能试验甚至是直接根据产品性能试验要求而提出的。

水泥胶合剂是由适当比例的水泥、填充料（砂）、水和外加剂混合调配而成。水泥是胶合剂中最主要的组成材料，是水泥胶合剂中的胶结料。因此，水泥的特性是影响胶合剂性能的主要因素。当水泥品种确定后，填充料（砂）的材质和颗粒组成、水泥、砂和水的比例，引入的外加剂及它们的加入量等对水泥胶合剂的性质特别是对胶合剂的机械强度也有很大影响。另外，水泥胶合剂的调制方法及养护条件对水泥胶合剂的机械强度也有一定的影响。

为保证水泥胶合剂的质量，必须按照国家标准规定的试验方法，对水泥胶合剂所用的硅酸盐水泥或者普通硅酸盐水泥入厂后每批均需进行检验，并按照 JB/T 4307—2004《绝缘子胶装用水泥胶合剂》规定的试验方法，对调配的水泥胶合剂进行检验。JB/T 4307—2004《绝缘子胶装用水泥胶合剂》提出了对水泥胶合剂进行抗折强度、抗压强度、压蒸膨胀率、干缩率、异常气孔数、吸水率、低温耐受系数、抗冻融循环能力及温度循环耐受系数等性能试验。这些性能试验项目对其他胶合剂也大多是必要的。

6.1.3 金属附件

盘形悬式瓷绝缘子主要附件有铁帽、钢脚和锁紧销等。

（1）铁帽。铁帽的等级，按照相应产品的额定机电破坏负荷划分，执行国家标准的，主要有 40、70、120、160、210、240、300、420、550、700kN 和 840（760）kN 等级；执行美国标准的，主要有 44（10000lb）、89（20000lb）、133（30000lb）、178（40000lb）、222kN（50000lb）等多个等级。此外，执行 IEC 或其他标准的铁帽，还可能有其他的等级。

铁帽的形式：按照连接方式的不同，分为球形铁帽和槽形铁帽两类，如图 6-3 和图 6-4 所示。按照种类的不同，分为交流铁帽和直流铁帽，如图 6-5 和图 6-6 所示，实物如图 6-7 所示。

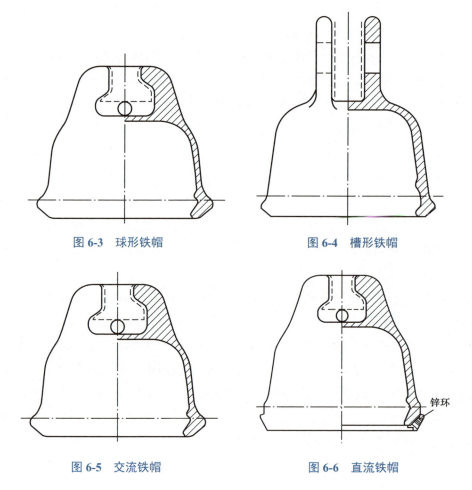

图 6-3　球形铁帽　　　　　　图 6-4　槽形铁帽

图 6-5　交流铁帽　　　　　　图 6-6　直流铁帽

锌环

图 6-7　铁帽实物

为防止直流电压对铁帽的电解腐蚀作用，直流绝缘子采用锌环铁帽，铁帽与瓷件交界处应装有阳极保护锌环。交流铁帽及直流锌环铁帽应满足以下要求：

1）绝缘子的铁帽应符合JB/T 8178的规定，热镀锌层应符合JB/T 8177的规定。

2）锌环铁帽的锌环应采用纯度不低于99.95%的锌材制造，锌环和铁帽之间不应有任何缝隙或松动现象，锌环与铁帽的熔合面积不小于其界面的80%。

满足以上要求的铁帽在帽腔均匀涂刷一层沥青油，待沥青油干透后，交流铁帽即可用于胶装产品。直流锌环铁帽沥青干透后需在锌环处粘一圈橡胶密封圈，待胶干透后，铁帽即可用于胶装产品。

（2）钢脚。钢脚的等级，按照相应产品的额定机电破坏负荷划分，执行国家标准的，主要有 40、70、120、160、210、240、300、420、550、700kN 和 840（760）kN 等级；执行美国标准的，主要有 44（10000lb）、89（20000lb）、133（30000lb）、178（40000lb）、222kN（50000lb）等多个等级。此外，执行 IEC 或其他标准的钢脚，还可能有其他的等级。

钢脚的型式：按照连接方式的不同，分为球形钢脚和槽形钢脚两类，如图 6-8 和图 6-9 所示。根据需要可以浇注锌套，称为锌套钢脚，如图 6-10 所示，实物图如图 6-11 所示。

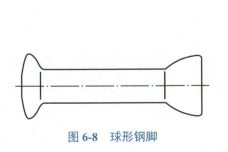

图 6-8　球形钢脚

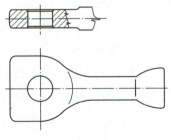

图 6-9　槽形钢脚

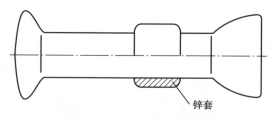

锌套

图 6-10　锌套钢脚

图 6-11　钢脚实物图

为防止直流电压对钢脚的电解腐蚀作用，直流绝缘子采用锌套钢脚，钢脚与水泥交界处应装有阳极保护锌套。交流钢脚及直流锌套钢脚应满足以下要求：

1）绝缘子的钢脚应符合 JB/T 9677 的规定，热镀锌层应符合 JB/T 8177 的规定。

2）钢脚应用锻钢制造，且无搭接缝、无叠、无毛边或粗糙边棱。全部承荷表面应是光滑和均匀的。

3）钢脚制造不应采用连接、焊接、冷缩压接或其他任何多于一块材料的工艺。

4）锌套钢脚的锌套应采用纯度不低于 99.95% 的锌材制造，锌套和钢脚之间不应有任何缝隙或松动现象，锌套与钢脚的熔合面积不小于其界面的 80%，熔合面黯淡，不反光。

5）160kN 及以上强度等级的绝缘子钢脚应经逐只仪器探伤检测。满足以上要求的钢脚在钢脚与水泥面接触部分均匀涂刷一层沥青油，待沥青油干透后，在钢脚胶装头一侧涂上黏接剂，黏上一个缓冲垫，待胶干透后，钢脚即可用于胶装产品。

（3）锁紧销。锁紧销的型式：按照锁紧方式的不同，分为 R 形销和 W 形销，如图 6-12 和图 6-13 所示，实物如图 6-14 所示。

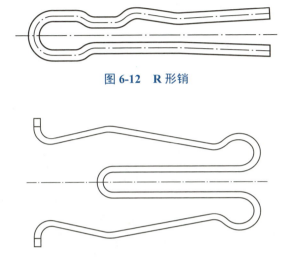

图 6-12　R 形销

图 6-13　W 形销

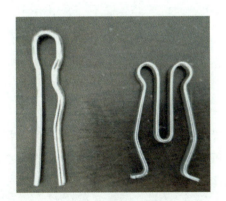

图 6-14　锁紧销实物图

锁紧销应满足以下要求：

1）锁紧销应符合 GB/T 25318 和 GB/T 19443 的规定。球头和球窝连接的绝缘子应装备有可靠的开口型锁紧装置。R 形销应有两个分开的末端使其在锁紧及连接的状态下，防止它完全从球窝内脱出。

2）锁紧销应采用不锈钢材料制作，材料不应有防腐蚀表面层，并与绝缘子成套供应。为防止脱漏，销腿末端弯曲部分尺寸严格满足标准规定。把锁紧销的末端分开到 180°，然后扳回到原来的位置时用肉眼检查应无裂纹。

3）锁紧销的装配应使用专用工具，以免损坏金属附件的镀锌层。

6.2 制 造 工 艺

盘形悬式瓷绝缘子有泥料制备、瓷件制备和胶装三个主要工艺流程，如图 6-15 所示。

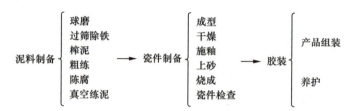

图 6-15 工艺流程

6.2.1 泥料制备

泥料制备是把矿物原料通过一定配比，采用混合、球磨、过筛除铁、榨泥、粗炼、陈腐、真空练泥等工序，制成符合电瓷生产的泥料。

（1）球磨。按比例配置的原料和水一起加入球磨机中，球磨机中有大小形状各异的研磨体，工作时球磨机回转并带动研磨体和原料在离心力作用下一起回转，它们上升到一定高度，在重力作用下像抛物体一样地落下，将原料击碎，回转过程中研磨体之间的相互滑动对原料起研磨作用。球磨是对电瓷原料，如黏土、长石和石英等发挥细磨作用，细磨的同时对原料进行充分的混合，球磨设备如图 6-16 所示。

图 6-16 球磨设备

（2）过筛除铁。球磨后细度合格的泥浆通过气动泵打到高处振动过筛、经湿式除铁器除铁，使泥浆达到工艺要求。泥浆过筛可以除去杂质，纯化泥料，控制泥料的细度并去掉较大的矿物颗粒的同时提高除铁的效率。除铁可以去除泥浆中大部分的铁杂，提高电瓷产品的强度和电绝缘性。

（3）榨泥。过筛除铁后的混合泥浆在泵的驱动下送入榨泥机，通过榨泥机的压滤作用榨出符合水分要求的泥饼，榨泥设备如图 6-17 所示。

图 6-17　榨泥设备

（4）粗炼。粗炼是在不抽真空的情况下，通过练泥机对泥饼进行切碎、揉捏混合，改变泥料在泥饼状态时的颗粒分布和水分分布的不均匀性。

（5）陈腐。泥料在一定温度和湿度封闭的环境中存放一段时间，改进其性能的工艺过程称为陈腐。陈腐可以使泥料中水分趋于一致，由黏土原料带入的有机质，在陈腐期间也可以发生生物—化学反应，转变成胶态物质，增加了泥料中腐殖酸物质，可以改善泥料的可塑性，自动控温陈腐系统如图 6-18 所示。

图 6-18　自动控温陈腐系统

（6）真空练泥。真空练泥是指练泥的同时对泥料进行抽真空处理，并挤制成泥段的工艺过程。经过真空练泥的泥段中空气体积会降低到 0.5%～1%，毛坯的成分和水分趋于均匀一致，从而泥料的可塑性、结合性以及干坯强度大大地提高，烧成后产品的机械强度、电气性能、化学稳定性、透光性等都会有明显改善。

6.2.2　瓷件制备

瓷件制备包括成型、干燥、施釉、上砂、烧成、瓷件检查等主要过程。

（1）成型。成型是使用设备及工具将泥料加工成坯件的过程。可塑成型是电瓷产品制成坯体的最基本的成型方法。坯料水分在可塑性指数水分范围内的坯体均属于可塑成型。

盘形悬式瓷绝缘子常用的可塑成型法有两种方式：旋坯成型和旋压成型，旋坯成型是中国的传统方式；旋压成型是引进国外技术，便于自动化生产和保证产品尺寸，现正逐步被各大主要生产厂家采用的一种新的成型方式。

1）旋坯成型。旋坯成型过程中，将制备好的泥段放在石膏模中后随成型机的主轴旋转，再将成型刀缓慢放下，泥段在成型刀的剪切和挤压作用下发生塑性变形，制成了绝缘子的坯体。旋坯成型采用了底模，底模和泥段紧贴时只是形成了坯体近似的外形，坯体从底模脱离后还需要修坯加工。

盘形悬式瓷绝缘子的旋坯成型方式主要是板刀（羊角刀）旋坯。羊角刀是板刀局部改进的工具，旋坯成型时对泥段有挤压和切削的作用，刀具切削阻力小，排泥顺利，使坯件表面光滑，刀具操作较简单且耐用，成型质量较高。羊角旋坯刀如图 6-19 所示。

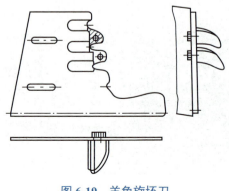

图 6-19　羊角旋坯刀

板刀（羊角刀）旋坯成型主要工序如下：

a．挤泥头。相当于用挤泥头机、人工拍打或用压缩空气锤等手段，改善体密度不均的情况，减少坯体在干燥时头部开裂。

b．旋坯。旋坯时毛坯头向下，伞向上。采用羊角刀时要求泥段的含水率要低些，采用板刀旋坯时水分应高些，泥段有较大的变形量。

c．修坯。坯体在脱模之后，坯体外表面较为粗糙，需在修坯机上进行修坯和抹光加工。先修头部、接着修颈部及伞盘面。

2）旋压成型。旋压成型是将旋坯和压制等方法结合在一起的一种新的成型方法。该方法对泥料的可塑性有一定的要求，水分控制严格，否则坯体易发生变形、开裂等缺陷。

旋压成型的大致过程：将制备好的泥段放置于阴模中，冲模在做上下冲击成型的同时对坯体进行旋转，以旋压的方式将泥段制成坯体的内表面。成型时先旋压坯件的中孔、内槽、后修外形，全自动成型设备如图 6-20 所示。

图 6-20　全自动成型设备

按照冲模的温度可将旋压成型方法分为两种，一种是冷旋压法，优点是旋压坯机结构简单，操作方便，其缺点是对泥料的可塑性和水分要求较高，易黏模，需喷润滑剂；另外一种为热旋压法。热旋压法是将冲模加热到 120～140℃对泥段进行旋压，其优点是对泥料的可塑性和水分要求较低，不黏模，旋压后的坯体内表面光滑，效率高，易实现自动化生产。

（2）干燥。干燥过程是湿坯体中的水分排出的过程。干燥的作用是提高生坯强度，便于进行修坯、施釉、装烧等操作。在烧成初期可以较快地升温，坯体不致开裂。缩短生产周期和减少燃料消耗，目前较为先进的轨道式烘房干燥系统如图 6-21 所示。

图 6-21　轨道式烘房干燥系统

1）干燥的原理。干燥的原理是热力干燥时坯体的变化，以及坯体和干燥介质之间水分和热量的传递过程。

水分从坯体中排出有两个过程：坯体表面的水分以蒸汽形式从表面扩散到周围介质中去的过程称为外扩散过程。当表面水分蒸发后，坯体内部与外部之间就形成了湿度梯度，坯体内部的水迁移到表面的过程称为内扩散过程。电瓷坯体在干燥过程中的变化一般可分为四个阶段：预热、等速干燥、降速干燥和平衡。

2）影响干燥速度的因素。坯体的干燥过程由恒速干燥和降速干燥所组成。恒速干燥阶段，影响干燥速度的因素主要是干燥介质的温度、湿度和流速等外部条件。降速干燥阶段，影响其干燥速度的因素主要取决于坯体的性质，如热导率、传质系数、温度、水分等。

影响内扩散的因素有坯体的含水率、坯料的组成及坯体的结构如坯料的瘠性成分增加时，可以降低坯体的成形水分，加速内扩散，并降低干燥收缩。坯体在干燥时的温度是影响内扩散的重要因素，应指出，坯体的温度取决于外部环境即干燥介质的湿含量和温度。坯体温度高时，水的黏度下降，表面张力也减少，可以提高水的内扩散速度，也可以加快降速干燥阶段坯体内水蒸气的扩散速度。在坯体的实际干燥中，主要是在降速干燥阶段坯体体积稳定后，提高坯体温度达到加速干燥的目的。

影响外扩散的因素主要由热气体介质、坯体表面水蒸气分压、温度、相对湿度、热气流流动速度和掠过坯体表面的角度、坯体表面滞留的气膜的厚度、能量的供给方式等因素决定的。

　　传统的热气介质干燥方法是靠热气带来热量，带走水汽的方法使坯体干燥。加快外扩散从而加快干燥速度的途径有：加强能量的输入（电热、辐射等）、降低周围介质的蒸汽分压、加大气流流动速度和角度等。

　　3）热空气干燥制度。结合坯体的形状和质量等特点，绘制热气介质的温度、湿度随干燥时间的变化曲线，称为干燥制度。为了建立合理的干燥制度，首先对坯体试样进行干燥试验，在干燥条件不变的情况下测定并绘制出干燥速率与坯体水分之间的关系曲线，找出干燥过程中恒速干燥和降速干燥的临界点，所对应坯体的临界平均含水率，最终绘制变化曲线制订干燥制度。电瓷坯体通常采用低温高湿至高温低湿的干燥制度。

　　4）热空气干燥设备。

　　a．室式烘房。室式烘房是坯体放入干燥室后固定不动，温度和湿度按干燥制度调节，加热后的空气与坯体之间进行对流传热，使坯体干燥。室式烘房的优点在于干燥参数便于调控，变换干燥制度方便，干燥设备比较简单，易于维护管理。但也存在着操作不连续，热能利用率低等缺点。

　　b．隧道式干燥机。如图 6-22 所示，隧道式干燥机是一种连续式干燥设备，坯体在隧道中单方向水平移动，热气介质大都与坯件运动方向相反，隧道中各区段的热空气温度和湿度基本是固定的。因此适用于大批量生产的同类型或形状大小基本相同，又可用同一干燥制度进行干燥的坯件。隧道式干燥机的热利用率较高，可实现机械自动化操作，生产连续，周期短。但其缺点是隧道内的垂直界面上温度分布不均匀。

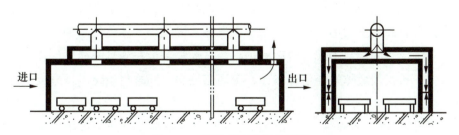

图 6-22　隧道式干燥机示意图

　　5）缩短干燥周期的途径。

　　a．建立独立的热风发生系统和供给系统。建立独立的热气体发生系统对烘房直接供给温度适宜的热风，干燥过程中容易实现自动化控制。热气可由燃烧器燃烧或其他装置发生，足够数量的热气介质充满整个烘房，使烘房内的气体均匀。热风的湿度可由来自烘房的高湿气体进行混合调整。

b．加强干燥介质的流动。在向烘房供给预定温度和湿度的热风的同时，不断从烘房抽出和送入热风。这种连续的对干燥介质的扰动，一方面可加强对流传热，另一方面使烘房内不同部位的温度、湿度趋于均匀。

c．干燥室封闭严密。干燥室的门和防护表面应封闭严密，室内热风不能外泄，冷空气也不能侵入，应对烘房的入口门加强密封处理，干燥室的四周和顶、底采取绝热保温措施。

d．建立自动温度、湿度的测定和控制系统。采取了上述三条措施后，建立起温度、湿度的自动控制系统。温度的自动控制主要针对燃烧装置或热风的发生装置，湿坯在干燥中形成的水蒸气足以满足热风的相对湿度的需要，干燥过程中热风湿度过高则采用抽出高湿气体、送入合适热风的方式进行控制——即合理分配烘房内抽出气体参与循环和排空的比例。

缩短干燥时间对提高生产效率、节约能源有着重要的意义。

（3）施釉与上砂。

1）坯件的表面吹灰、抹水处理。对施釉前的坯件进行清洁处理，除去干燥时落在坯件表面的灰尘，增强坯件表面吸附釉浆的能力。抹水时要保证水的清洁，并保持一定温度。抹水时要抹均匀、彻底。对于形状复杂的表面抹水时，在内孔、伞裙等部位注意不要有积水。

2）施釉。施釉的工艺方法均应根据坯件的性质、形状、大小和成型方法来确定。对电瓷坯体施釉时，可以使用浸、喷、滚、浇等多种方法。

a．浸釉法。浸釉法是将坯件浸入到釉浆之中，利用坯件的吸水性将釉浆吸附在其表面，从而形成釉层。对于盘形悬式瓷绝缘子坯体的浸釉，通常可以采用多种形式的半自动或全自动浸釉机。自动浸釉机在施釉时能够保证釉层厚度均匀一致，使坯体不会出现露坯、黄坯的缺陷，同时也消除了堆釉或缺釉等缺陷。

b．喷釉法。喷釉法是使用喷枪以压缩空气将釉浆喷散成雾状，再吹到坯件上，使坯件表面附着一层釉。坯体表面与喷枪的距离、喷雾压力以及釉浆的密度等均决定了釉层厚度。喷釉时釉浆的含水率比浸釉时釉浆的水分要低一些。

c．浇釉法。将施釉坯件置于旋转的机轮上，釉浆在中央加入，在离心力的作用下，釉浆向盘四周流散开来，使坯件上施一层釉。有些制品的孔、槽部分用浸釉法施釉有困难，此时可用浇釉法或淋釉法施釉。

d．其他方法。滚釉法、刷釉法、静电施釉法等可用于形状特殊或有特殊要求的产品施釉。

3）上砂。坯件需上砂部位先均匀地涂上一层釉浆和黏结剂，然后借助机械转动把瓷砂均匀地洒在黏结剂上。上砂操作均在坯体施釉后立即进行，上砂的工艺过程大致为：坯体胶装部位上加固釉—涂胶—上砂。

瓷砂和胶黏剂对上砂瓷体强度有着重要的影响：滚花会导致瓷的强度下降；采用与瓷体成分完全一样的瓷砂上砂时，也会导致强度略微下降；采用热膨胀系数略小于瓷的热膨胀系数的特制瓷砂上砂时，比上同质瓷砂时的强度要高出许多；采用不同的胶黏剂时，上砂后的强度也有较大的差异。

瓷砂的性能对上砂后瓷体的强度影响最大，在试验基础上有人提出，上砂用的瓷砂的平均线膨胀系数应小于瓷体的平均线膨胀系数，大于底部加固釉的平均线膨胀系数，这是对瓷砂性能最基本的要求。烧成后，瓷砂是半埋入釉层，黏结在瓷件胶装部位的表面。

胶黏剂对上砂质量的影响不容小视。严格控制胶黏剂——有机胶与釉粉的配比，以及涂胶时胶层的厚度对上砂过程有重要意义。胶中有机胶黏剂比例低或涂层薄，瓷砂黏结不牢，也容易掉砂，产生缺砂和少砂。胶黏剂过多或胶层过厚时，上砂时易堆砂，烧成后或搬运中容易出现剥落现象。上砂后产品如图 6-23 所示。

图 6-23　上砂后瓷件干坯

（4）烧成。烧成是电瓷生产中的关键工艺，在烧成工艺上发展的一个新动向就是快速烧成，通过对适于快速烧成的坯釉配方、工艺、热工设备、自动化操作等的研究来达到经济生产的目的。为了实现烧成的目的，除窑炉和燃料外，需配合相应的窑具，并采用与坯体的烧结过程、窑炉的结构特点相适应的烧成工艺制度。此外，窑炉欲获得坯件烧成所需的最高温度有赖于燃料燃烧所产生的热量。如何利用适合的燃料使烧成获得良好的经济效果，也是当前研究的课题之一。

1）窑炉。现代窑炉主要使用的是抽屉窑和隧道窑，其他还有倒焰窑，蒸笼窑等。

抽屉窑的特点：间歇式的工作方式，能够适应不同烧成制度的坯体烧成。装、出窑均在窑外的窑车上进行，改善了工作条件，窑炉周转快。现代的抽屉窑已经使用清洁燃料且能耗大大降低。

隧道窑的特点：连续性的工作方式，周期短，产量大，质量稳定有利于实现生产机械化和自动化。烧成带位置固定，连续烧成，窑炉内各部位温度保持温度，窑体寿命长。改善劳动条件，减轻劳动强度。

2）燃料。瓷件烧成所消耗的热能主要来自燃料。燃料的燃烧也是影响产品性能的重要因素，了解燃料的热工特性和正确地选用燃料是顺利实现窑炉烧成以及自动控制的重要前提，对窑炉的安全操作和寿命有重大意义。

电瓷窑炉所用的燃料按状态可分为固、液、气三类。固体燃料以煤为主，液体燃料为重油。由于环境保护要求的不断提高，这些燃料逐渐被更加清洁的气体燃料所取代。目前国内先进窑炉使用的燃料主要是采用天然气。

天然气是一种以甲烷为主要成分、硫含量很低的、发热量高的燃料，使用也十分方便。天然气的产地可分为天然气田和石油气田两种，产于石油田的天然气的组成中含有石油蒸气，又被称为伴生天然气或石油天然气，即通常的液化石油气的一种。液化石油气来自伴生天然气和炼油厂石油炼制过程中生成的气体。液化石油气的发热量高，可以完全燃烧，燃烧后无烟无灰、无臭、无毒、无残渣，是一种理想的环保型气体燃料。燃料选择的依据是必须满足窑炉烧成的制度要求。

3）烧成制度。烧成制度包括温度、气氛和压力3个方面。

a．温度。温度包含升温速度、烧成温度和冷却速度三个要素。烧成温度就是坯体在窑内加热时达到的最高温度，也称为止火温度。坯体的烧成温度应在坯体的烧结温度范围内选择。

坯体的升温速度和冷却速度取决于 3 个主要因素：在烧成过程中坯体的结构变化；坯体被热气加热的速率或高温的坯体被冷气降温的速率；窑炉加热和冷却的能力。

b. 气氛。气氛分为氧化焰和还原焰两种。

电瓷坯体采用还原焰烧成，即使坯料的物理化学变化相适应外，还有强化烧结过程和改善瓷体性能的作用，但是还原焰是过量的燃料提供，不能充分燃烧，使窑内产生 CO 气体。氧化焰是空气供给充分，燃烧完全，升温速度快，但是要适当提高烧成温度，在采用煅烧工业氧化铝、淘洗黏土等杂质较低的原料会有明显的效果。

c. 压力。压力是对烧成中窑炉内气体的压力以及压力分布的要求。压力制度对控制抽屉窑和隧道窑的温度和气氛起关键的作用。

（5）瓷件检查。烧成后瓷件如图 6-24 所示，瓷件检查按照 GB/T 772 对瓷件进行逐只外观检查和内水压试验（内水压试验为 160kN 以上产品），并进行尺寸抽查以及瓷质的物理性能、化学成分以及晶相分析。

图 6-24　烧成后瓷件

6.2.3　胶装

胶装分为产品组装和养护。

（1）产品组装。瓷是一种脆性材料，不能像金属附件那样铆接或用螺丝配合使用。烧成之后的瓷件通过水泥胶合剂与铁帽和钢脚等金属附件连接在一起，这个过程称为组装。胶装工艺大致包括瓷、附件的准备，涂缓冲层，配制水泥胶合剂，灌注、养护、硬化后处理等工序。产品胶装时由于胶装部位是由物性不同的金属、水泥胶合剂、瓷体三种材料组合而成，在胶装部位的附件表面喷涂缓冲层可缓和三者由于热膨胀系数和弹性模量的失配引起的热应力的不利作用。胶装过程要保证铁帽、瓷件和钢脚的同轴度，防止因附件歪斜使产品内部应力过于集中。

（2）养护。组装好的产品为了保证水泥强度，要在一定的湿度和温度的情况下对水泥养护一段时间，这个与每家的水泥胶合剂配方不同，养护条件不一致。

6.3 包装及运输

有关产品包装与运输的要求应符合 JB/T 9673 的规定，此外还应满足以下要求。

所有对悬式瓷绝缘子的包装应符合最新的国家标准或行业标准的要求，应具有良好的防潮、防振、防锈、防盗等保护措施，以确保绝缘子安全运抵现场而不致因上述原因受损，否则卖方将承担绝缘子损坏、丢失的责任和经济损失。

6.3.1 包装

（1）包装用材质。木箱应是干燥含水率不大于 25% 的木材，且经雨水冲淋后，不能在产品表面留下因木材原因导致的污渍，如桉树易留下污渍。木箱应使用具有一定的硬度和韧性的木板、木条加工。

竹篓或竹箱用竹子应具有一定的硬度和韧性，竹条不应开裂，宜使用3～5 年生长期的竹材。不允许有虫害、腐朽、发霉、损伤、干燥等降低竹篓强度的各种缺陷。

（2）包装箱结构。悬式瓷绝缘子外包装分为竹箱包装、木箱包装。

1）木箱包装结构如图 6-25 所示。根据绝缘子重量确定每个包装箱能包装的绝缘子数量：单片包装的包装箱重量不超过 50kg，可单人搬运；双片及以上包装的包装箱重量不超过 70kg，应两人搬运。

a. 单片包装（总重不超过 50kg）：840kN（30～50kg）。

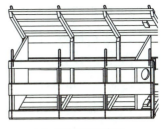

（a）单片包装示意图　　　　（b）双片包装示意图　　　　（c）多片包装示意图

图 6-25　木箱包装结构

b．双片包装（总重不超过 70kg）：550kN（19～33kg）、420kN（14～23kg）、300kN（14～18kg）。

c.三片及以上包装（总重不超过 70kg）：420kN（14～23kg）、300kN（14～18kg）、210kN（10～12kg）。

2）板条厚度：松木≥8mm，杨木≥12mm。

侧板/挡板：若整体防水胶合板，则厚度≥8mm；其他类型不低于板条厚度。

3）木箱包装内的相邻产品之间应设置隔板或隔条，防止产品窜动。

4）镀锌铁丝直径不小于 2mm，镀锌铁丝主扣伸出木板 40～70mm，副扣伸出木板 40～70mm。

5）尺寸和外观应符合各制造企业的企业标准。

（3）整托包装。为便于运输，盘形悬式绝缘子在使用包装箱包装后，还应进行托盘包装。托盘包装示意如图 6-26 所示，整托层高不超过 1.5m。

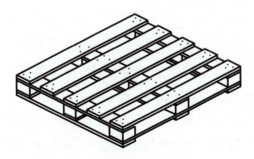

图 6-26　托盘包装示意

（4）包装储运标志。

1）包装储运标志。由唛头和包装标志组成。

2）唛头的格式和内容。在包装物件发货前按照买方的最后确认为准。

3）包装标志。所有包装标志应符合 GB/T 191《包装储运图示标志》的规定，包装标志包括重心标志、装卸起吊位置、堆码极限、防雨、轻放、切勿倒置等运输装卸和储存保管指示标志，应以图形和英文标记。

4）托盘吊装标记。托盘需标注吊装标记，如图 6-27 所示。

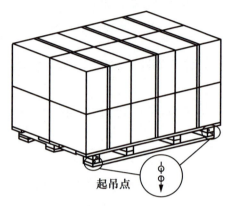

起吊点

图 6-27　托盘吊装标记

5）包装的重心点。难以确定的重心点，应通过试找方法确定，一般可通过起重设备试吊来确定。

6）运输唛头。应在每个包装件相对的两个侧面上或相邻的两个侧面上各悬挂或喷刷一个运输唛头，以方便识别货物。唛头中的内容需用唛头笔逐项填写，不得漏写填写要求清晰，字迹端正，内容正确地反映该包装件的包装号、净重、毛重、外形尺寸等关键信息。

6.3.2　运输

（1）产品储存时，仅允许堆放不超过两层托盘的产品，堆垛上方禁止放置其他较重或腐蚀性物品（如：金具、油桶等），禁止积水浸泡。

（2）装卸前不允许解开打包带，需整托卸车，禁止拆托后徒手（或借助撬棒）抛、扔、滚动装卸行为，避免包装物和产品发生隐性损伤。

（3）采用吊车卸车时，需从吊装点位置固定绳索吊装，可以同时吊装两层托盘，禁止同时吊装同层两托产品。

（4）二次转运。

1）转运前应检查包装状态，避免在运输过程中打开包装。

2）拆托时需采用叉车或吊车将上层托盘落地后才拆托。

3）搬运时应轻拿轻放，禁止绝缘子头部受到撞击，禁止抛掷或拖拽。

4）从材料站至塔位的现场转运通常不应拆包装箱，并且禁止垂直放置。如遇崎岖山路等需拆包装转运的情况，采用人力搬运时单人负重不超过 50kg，双人负重不超过 70kg，应轻起轻落。

5）塔位具备起吊条件时，才允许整托转运到塔位，否则必须拆托后转运到塔位。

（5）运输时车上最多摆放 2 层托盘，总高不超限高要求。

（6）充分考虑运输途中可能受到的最大压力、冲撞等因素，用绳索对产品进行固定，保证产品在运输中不发生跳动或碰撞。

6.4　检　　　验

对绝缘子进行检验是保证出厂绝缘子质量的关键。

6.4.1　检验项目

绝缘子的检验分逐个试验、抽样试验和型式试验三类。

逐个试验（routine test）是对制成的每一个绝缘子进行的试验，以剔除有制造缺陷的绝缘子。

注：本书中逐个试验只对完整的绝缘子进行。

以上检验项目参照表 6-1。

表 6-1　　　　　　　　　　　检验项目参照表

检测项目	检测内容		检测要求
	交流盘型悬式瓷绝缘子	直流盘型悬式瓷绝缘子	
逐个试验	逐个外观检查		釉面应无裂纹，没有其他不利于良好运行的缺陷。釉面缺陷需满足允许值
	逐个机械试验		悬式瓷绝缘子串元件至少应承受 3s 等于 50%SFL 的拉伸负荷

续表

检测项目	检测内容		检测要求
	交流盘型悬式瓷绝缘子	直流盘型悬式瓷绝缘子	
逐个试验	逐个电气试验		（1）交流瓷绝缘子串元件应承受连续施加的工频电压或高频电压。 （2）直流瓷绝缘子串元件应承受连续施加的高频电压和工频电压
抽样试验	尺寸检查		测得的尺寸符合绝缘子图样规定要求（包括允许偏差）
	体积电阻试验		在铁帽温度（120±2）℃下测得的单个体积电阻值，应处离子型式试验中得到的修正过的参考体积电阻的50%～200%
	偏差检查		最大变化量： （1）轴向测量装置的变化量：绝缘子标称直径的4%。 （2）径向测量装置的变化量：绝缘子标称直径的3%
	锁紧销检查		锁紧装置处于锁紧位置。通过施加与运行中经受的相类似的动作来进行检查，应不发生绝缘子串或连接球头的连接脱开的情况
	温度循环试验		绝缘子应能耐受本试验，不出现裂纹或发生击穿或机械破坏
	机电破坏负荷试验		（1）$\overline{X}_1 \geq SFL+C_1\sigma_1$，则抽样试验通过。如果 $SFL+C_2\sigma_1 \leq \overline{X}_1 < SFL+C_1\sigma_1$，则允许进行双倍抽样数量的重复试验。 （2）如果 $\overline{X}_2 \geq SFL+C_3\sigma_2$，则重复试验通过。 （3）符号说明详见 GB/T 1001.1—2021 和 GB/T 19443—2017
	无线电干扰试验	—	从无线电干扰（RI）特性曲线上获得规定试验电压下的无线电干扰电压 RIV，如果每只试品的 RIV 均不大于附录中规定的无线电干扰电压，则绝缘子通过本试验
	残余机械强度试验		（1）当 $SFL \geq 160kN$ 时： 若每个 $X_s \geq 0.80SFL$，并且每个 $X_b \geq SFL$，则试验通过。 （2）当 $SFL < 160kN$ 时： 若每个 $X_s \geq 0.65SFL$，并且每个 $X_b \geq SFL$，则试验通过。 （3）具体参见 GB/T 1001.1—2021 和 GB/T 19443—2017
	—	锌套试验	锌套采用纯度不低于99.8%的锌制造，其与脚的熔合面积至少应是二者之间界面面积的80%。锌套厚度不小于4mm，外露部分长度应不小于7mm（包括和钢脚衔接部位的过渡圆弧部分），且约为锌套总长度的50%
	—	锌环试验	锌环应采用纯度不低于99.8%的锌制造，其与帽的熔合面积应不小于二者之间界面面积的80%
	镀锌层试验		（1）镀层应连续，尽可能均匀光滑（以免搬运时损坏），不应有不利于镀件正常使用的缺陷。镀层应附着良好，在正常使用时，能经受装卸而不起皮剥落。 （2）由测量的算术平均值得出的镀层质量不应小于规定值

续表

检测项目	检测内容		检测要求
	交流盘型悬式瓷绝缘子	直流盘型悬式瓷绝缘子	
抽样试验	孔隙性试验		试验后经目力观察新敲击开的表面，不应有任何染料渗透现象，渗入最初敲取小碎片时形成的小裂纹除外
	击穿耐受试验 空气中冲击击穿试验 （$SFL{\geqslant}160kN$）		若无试品发生击穿或绝缘元件损坏，则该批产品通过了冲击击穿试验；若仅有一只击穿或绝缘元件损坏，则需加倍重复试验。加倍试验中若无试品发生击穿或绝缘元件损坏，则认为该批绝缘子通过了冲击击穿试验
	击穿耐受试验工频击穿耐受试验（$SFL<160kN$）	—	在低于规定的击穿电压时不应发生击穿
型式试验	尺寸检查		测得的尺寸符合绝缘子图样规定要求 (包括允许偏差)
	雷电冲击电压试验		对绝缘子元件或标准短串进行试验时，如果 U_{50} 的平均值不低于 1.040 倍规定的雷电冲击耐受电压，则认为绝缘子通过该试验
	工频湿耐受电压试验	—	对绝缘子元件或标准短串进行试验时，如果试验期间没有发生闪络或击穿，则通过本试验
	—	直流干、湿耐受电压试验	对绝缘子元件或标准短串进行试验时，如果试验期间没有发生闪络或击穿，则通过本试验
	残余机械强度试验		(1) 如果分离破坏的数目不少于 10。 1) 当 $SFL{\geqslant}160kN$ 时：若 $\overline{X}_s{\geqslant}0.75SFL+1.645\sigma$，并且每个 $X_b{\geqslant}SFL$，则试验通过。 2) 当 $SFL<160kN$ 时：若 $\overline{X}_s{\geqslant}0.65SFL+1.645\sigma$，并且每个 $X_b{\geqslant}SFL$，则试验通过。 (2) 如果分离破坏的数目少于 10。 1) 当 $SFL{\geqslant}160kN$ 时：若每个 $X_s{\geqslant}0.80SFL$，并且每个 $X_b{\geqslant}SFL$，则试验通过。 2) 当 $SFL<160kN$ 时：若每个 $X_s{\geqslant}0.65SFL$，并且每个 $X_b{\geqslant}SFL$，则试验通过。 (3) 具体参见 GB/T 1001.1—2021 和 GB/T 19443—2017
	无线电干扰试验	—	从无线电干扰（RI）特性曲线上获得规定试验电压下的无线电干扰电压 RIV 如果每只试品的 RIV 均不大于附录中规定的无线电干扰电压，则绝缘子通过本试验
	机电破坏负荷试验		(1) $\overline{X}_T{\geqslant}SFL+C_0\sigma_T$，则型式试验通过。 (2) 符号说明详见 GB/T 1001.1—2021 和 GB/T 19443—2017

续表

检测项目	检测内容		检测要求
	交流盘型悬式瓷绝缘子	直流盘型悬式瓷绝缘子	
型式试验	热机械性能试验		如果在加热和冷却循环期间，有任何绝缘子损坏，则这些绝缘子都不符合本文件。机电破坏负荷试验应采用的判定准则见相应标准规定
	可见电晕电压试验	—	如果每只试品铁帽端的可见电晕电压都不小于 22kV，且每只试品钢脚端的可见电晕电压不小于 18kV，则绝缘子通过本试验
	—	离子迁移试验	试验中，任何绝缘子不应击穿或损坏，或者直流干耐受试验时闪络，则此绝缘子检测合格
	—	热破坏试验	如果试验中有任一绝缘子击穿或破碎，则此绝缘子设计不合格
	—	SF_6 击穿耐受试验	若绝缘子头部没有发生击穿，则试验通过
	—	锌套试验	锌套采用纯度不低于 99.8% 的锌制造，其与脚的熔合面积至少应是二者之间界面面积的 80%。锌套厚度不小于 4mm，外露部分长度应不小于 7mm（包括和钢脚衔接部位的过渡圆弧部分），且约为锌套总长度的 50%
	—	锌环试验	锌环应采用纯度不低于 99.8% 的锌制造，其与帽的熔合面积应不小于二者之间界面面积的 80%
	—	直流人工污秽耐受电压试验	（1）盐雾法：按 GB/T 22707—2008 中 5.5 的方法进行的三次连续的单次试验中没有闪络发生，则认为绝缘子达到了规定特性的要求。如果仅发生一次闪络，则应进行第四次试验。若第四次试验未发生闪络，则认为绝缘子通过了本试验 （2）固体层法：按 GB/T 22707—2008 中 6.5 的方法所进行的三次连续的单次试验中没有发生闪络，则认为绝缘子满足了规定的耐污秽特性。如果仅出现一次闪络，则应进行第四次试验，如果这次不再发生闪络，则认为绝缘子通过了本试验
	击穿耐受试验空气中冲击击穿试验（$SFL \geqslant 160kN$）		若无试品发生击穿或绝缘元件损坏，则通过了该项试验
	击穿耐受试验工频击穿耐受试验（$SFL < 160kN$）	—	在低于规定的击穿电压时不应发生击穿

注　如客户有特殊要求，可按要求进行增项试验。

6.4.2　检验标准

GB/T 4056—2019　绝缘子串元件的球窝联接尺寸

GB/T 1001.1—2021　标称电压高于 1000V 的架空线路绝缘子第 1 部分：交流系统用瓷或玻璃绝缘子元件定义、试验方法和判定准则

GB/T 19443—2017　标称电压高于 1500V 的架空线路绝缘子直流系统用瓷或玻璃绝缘子元件定义、试验方法和接收准则

GB/T 16927.1　高电压试验技术 第 1 部分：一般定义及试验要求

GB/T 22707—2008　直流系统用高压绝缘子的人工污秽试验

GB/T 25317—2010　绝缘子串元件的槽型连接尺寸

GB/T 22709—2008　架空线路玻璃或瓷绝缘子串元件 绝缘体机械破损后的残余强度

GB/T 20642—2006　高压线路绝缘子空气中冲击击穿试验

GB/T 25318—2019　绝缘子串元件球窝连接用锁紧销尺寸和试验

GB/T 772—2005　高压绝缘子瓷件技术条件

GB/T 7253—2019　标称电压高于 1000V 的架空线路绝缘子交流系统用瓷或玻璃绝缘子元件盘形悬式绝缘子元件的特性

GB/T 22708—2008　绝缘子串元件的热机和机械性能试验

GB/T 24623—2009　高压绝缘子无线电干扰试验

JB/T 3384—1999　高压绝缘子抽样方案

JB/T 8178—1999　悬式绝缘子铁帽技术条件

JB/T 9673—1999　绝缘子产品包装

JB/T 9677—1999　盘形悬式绝缘子钢脚

JB/T 9678—2012　盘形悬式玻璃绝缘子用钢化玻璃件外观质量

JB/T 9680—2012　高压架空输电线路地线用绝缘子

JB/T 4307—2004　绝缘子胶装用水泥胶合剂

JB/T 3567—1999　高压绝缘子无线电干扰试验方法

JB/T 8177　绝缘子金属附件热镀锌层 通用技术条件

DL/T 812—2002　标称电压高于 1000V 架空线路绝缘子串工频电弧试验方法

6.4.3 典型缺陷

盘形悬式瓷绝缘子典型缺陷见表 6-2

表 6-2 盘形悬式瓷绝缘子典型缺陷

序号	缺陷描述	原因分析	示意图	缺陷依据
1	瓷体碰损	瓷件是脆性材料，受到磕碰和撞击易导致瓷件受损		GB/T 1001.1 中 29.2 条规定"单个釉面缺陷面积不应超过 50+D×a/20000（mm²）"。D 为最大直径，a 为爬电距离，单位均为 mm
2	瓷体变形	坯体加速烧结时的不均匀收缩或均匀收缩受阻		GB/T 1001.1 中 23 条规定"轴向偏差小于直径 4%，径向偏差小于直径 3%"
3	瓷体开裂	瓷体开裂主要在于烧成时开裂，其强度低于烧成时产生的热内应力		GB/T 1001.1 中 29.2 条规定"釉面应无裂纹"
4	釉色不均	厂家不同窑次烧成气氛偏差造成；釉原料批次不同，工艺性能不稳定		GB/T 1001.1 中 29.2 条规定"绝缘子的釉色应接近于图样规定"
5	锈斑	锈斑是由于包装物上金属锈蚀或者是木材（特别是果木）掉色滴落到产品表面造成的		JB/T 8178 中 5.7.2 条规定"铁帽内外表面均不允许有黄色锈斑存在"
6	金属附件污物	在铁帽、钢脚的前期处理和绝缘子组装过程中，钢脚和铁帽会有沥青和胶合剂残留		JB/T 8178 中 5.7.2 条规定"锌层应均匀连续"

序号	缺陷描述	原因分析	示意图	缺陷依据
7	金属附件锈蚀	一般金属附件表面做镀锌处理，镀锌层厚度不达标，长时间暴露在潮湿的环境中，会造成金属附件锈蚀		JB/T 8178 中 5.7.2 条规定"锌层应均匀连续"
8	胶合剂表面缺陷	存放时间较长，导致表面起皮；制备胶合剂时搅拌不均匀，胶装后表面产生气泡；水泥养护制度不合理，表面产生裂纹等		DL/T 2066 中 4.3.4 条规定"外露水泥表面应平整，其平整度不应大于 2mm，且无裂纹或缺损，水泥表面不起皮、龟裂或存有较大的空洞、气孔"

6.4.4　缺陷处置

悬式瓷绝缘子典型缺陷处置及预防措施见表 6-3。

表 6-3　　　　　悬式瓷绝缘子典型缺陷处置及预防措施

问题描述	处置措施	预防措施
瓷体碰损	如果受损导致瓷体损伤或者出现裂纹，该产品不能使用，应进行更换；如果受损只局限在釉层损伤或缺釉面积符合规定要求，不影响使用	瓷体在安装和移动时轻拿轻放，放置时避免瓷体互相接触，使用过程中避免使用硬物接触等
瓷体变形	瓷体变形过大，将对瓷件进行报废处理。瓷体变形如符合规定偏差，则继续使用	采用正确的装烧方法

问题描述	处置措施	预防措施
瓷体开裂	对瓷体进行报废处理	控制坯体入窑水分；使用合适的烧成制度和干燥制度等
瓷体黑点	瓷体黑点面积符合规定要求，可继续使用，否则将对瓷件进行报废处理	由于可形成黑点的杂质来源很广，在制坯工艺的各个环节应减少和避免这些杂质进入到坯料中
釉色不均	同一只产品釉色不一致，正常不影响产品的使用，如果色差过大，可以联系生产厂家更换；如果是同一批产品，不同个体之间的釉色不一致，在不影响美观的情况下，可以放心使用	建立合理统一的烧成制度，保证釉原料和釉工艺的稳定性
锈斑	可以使用稀酸等擦拭清理，一般都可以清理干净	包装物可采用镀锌钢带，存放在遮雨干燥的场所
金属附件污物	除了影响外观外，不耽误正常使用，但建议清理干净，不好清理的沥青残留，可以用香蕉水、汽油等沥青溶剂清理	规范金属附件前处理的过程；规范绝缘子组装的操作过程
金属附件锈蚀	如果是金属附件本身锈蚀，不可以使用，需要更换；如果是其他锈蚀物或者是木材（特别是果木）掉色滴落于产品上的，用弱酸清理即可	金属附件在表面镀锌过程中需均匀且锌层厚度满足规定要求
胶合剂表面缺陷	外露水泥表面应平整，其平整度不应大于2mm，水泥表面不应有宽度超过 0.2mm 的非表面起皮的裂纹，不允许有被水明显渗透的裂纹，允许有爬坡纹和宽度小于 0.2mm 的表面细微裂纹。水泥表面不应有较大的孔洞、气孔。如达不到以上要求，将对绝缘子回收处理	合理设计胶合剂配方，选用优质原材料；胶合剂在制备时需充分搅拌；胶装时宜采用振动胶装等

6.5 到 货 验 收

6.5.1 验收项目

（1）资料检查。绝缘子的型号、颜色、数量应与装货清单相符，产品质量证明文件（包括出厂试验报告、合格证书等）资料应齐全。

（2）包装检查。绝缘子包装应满足 JB/T 9673 和供需双方约定的订货技术规范要求，并满足以下要求：

1）组串包装箱宜有禁止垂直摆放的标识；

2）竹篓包装时两端挡板宜采取加固的固定方式；

3）420kN 及以上机械强度的绝缘子应采用木箱包装；

4）应确保转运前产品的包装完好、牢固、无松散。

（3）外观检查。

1）瓷件：伞缘变形不应导致上表面产生积水现象。瓷件的全部外露部分应覆盖釉料，釉面应均匀、光滑、发亮、坚硬，釉色一致，无明显色差。瓷件应无裂纹 、斑点、杂质、烧缺和气泡等缺陷，缺陷数量不应超过 GB/T 772 所规定的最大允许值。

2）铁帽和钢脚：金属附件的所有表面应光滑、无突出点、无缺锌；铁帽应无裂纹、无皱缩、无气孔、无针眼、无毛边或粗糙的边棱；钢脚应无搭接缝、无毛边或粗糙边棱，全部承荷表面应光滑、均匀；铁帽、绝缘件、钢脚三者应在同一轴线上，目测不应有明显歪斜；铁帽与钢脚的连接尺寸应与出厂试验报告一致。

3）水泥胶合剂：外露水泥表面应平整，其平整度不应大于 2mm，水泥胶合剂固化后钢脚不应松动。

4）锁紧销：绝缘子应带有配套锁紧销，且锁紧销不应有折断、裂纹等损伤；检查锁紧销是否与出厂试验报告一致。

（4）其他验收。绝缘子串上下两端都与线路金具连接，虽然执行的标准都是 GB/T 4056，但因连接标记不匹配或者加工尺寸偏差，可能导致连接不畅问题，所以应检查绝缘子与线路金具适配问题，主要检查铁帽球窝与线路金具球头连接是否顺畅，安装上锁紧销后，锁紧是否有效，钢脚与金具连接除上述内容外，还要检查连接后连扳或者导线能否碰到产品伞裙。

6.5.2　验收标准

GB/T 1001.1—2021　标称电压高于 1000V 的架空线路绝缘子第 1 部分：交流系统用瓷或玻璃绝缘子元件定义、试验方法和判定准则

GB/T 19443—2017　标称电压高于 1500V 的架空线路绝缘子直流系统用瓷或玻璃绝缘子元件定义、试验方法和接收准则

GB/T 772—2005　高压绝缘子瓷件技术条件

JB/T 9673—1999　绝缘子产品包装

DL/T 2066—2019　高压交、直流盘形悬式瓷或玻璃绝缘子施工、运行和维护规范

章后导练

基础演练

1. 盘形悬式瓷绝缘子主要由哪几个部分组成？

2. 直流盘形悬式瓷绝缘子铁帽上的锌环和钢脚的锌套有什么作用？

3. 抽样试验中，产品尺寸检查需要检查哪些项目？

4. 悬式瓷绝缘子的试验分为哪三类？

5. 泥料制备的工序都包括什么？

提高演练

1. 盘形悬式瓷绝缘子常用的可塑成型法有哪几种？成型方式区别主要是什么？

2. 盘形悬式瓷绝缘子的检验分逐个试验、抽样试验和型式试验三类，三种试验的主要目的是什么？

3. 到货验收需要注重哪些试验项目。

4. 盘形悬式瓷绝缘子机电破坏试验的判定依据是什么？

案例分享

悬式瓷绝缘子具有多种伞形，我国常用的主要有普通形、钟罩形、双伞形、三伞形和草帽形。伞形的选取和使用地区的地理、气象、污秽等因素有关。

（1）普通形：该种产品是历史最久的一种绝缘子，结构造型简单，适用于轻污秽地区。用于污秽地区时需要增加片数，如果杆塔尺寸限制串长，就要考虑换用其他伞形绝缘子。

（2）钟罩形：伞下表面有较长的棱槽，具有较大的保护爬电距离。伞下深棱处受潮缓慢且受潮不同期，有抑制电弧发展的作用。在沿海污秽急剧积聚的地区，钟罩型绝缘子的使用效果较好。在污秽缓慢积聚的内陆地区，由于自清洁效果不好，钟罩形绝缘子的下表面会积聚较多的污秽，使其耐污闪能力下降。

（3）双伞形：双层伞形，伞下平滑无棱，有利于风雨清洗，积尘速度低，便于人工冲洗和清扫。开放外形自清洁效果较好，在同一地区的积污量要明显少于钟罩形和普通形，有较强的耐污闪能力。

（4）三伞形：三伞形绝缘子的自清洁能力类似于双伞形绝缘子，但由于它在相同结构高度下有更大的爬电距离，因此有更强的耐污闪能力。

（5）草帽形：草帽形悬式瓷绝缘子盘径大，开放外形在线路运行中积污率低，自清洁性能好。穿插使用在绝缘子串的上部和中部，可以防止积雪融化时产生的冰溜及鸟粪造成的闪络事故，在绝缘子串中可起到保护作用。

章前导读

● 导读

盘形悬式绝缘子通常用于高压架空输配电线路中的线路绝缘和导线机械支撑，一般根据线路绝缘配置和机械强度需求组装成绝缘子串用于不同电压等级的线路上。盘形悬式绝缘子按照绝缘材质的不同，主要分为玻璃绝缘子，陶瓷绝缘子以及复合绝缘子。本章从生产制造的角度出发，从玻璃绝缘子的生产准备、生产制造工艺流程、包装运输、检验及验收和产品应用六个方面介绍玻璃绝缘子的相关内容。

玻璃绝缘子按其使用环境和地区，分为普通形，耐污形以及外伞形（包括空气动力型）三类。普通型绝缘子也称为标准型，爬电距离相对较小，适用于一般地区；耐污型绝缘子也俗称钟罩型，伞下有深棱，大大提高了产品的爬电距离，适用于工业粉尘、化工、盐碱、沿海及多雾地区；外伞形绝缘子分为多层伞形（双伞或三伞）和单层伞形（也称为空气动力型或俗称草帽型），多层伞型适合工业粉尘污秽比较严重的区域，而空气动力型常用于粉尘比较严重的沙漠地区。得益于其良好的自洁性能，外伞形玻璃绝缘子较相同爬电距离的耐污型玻璃绝缘子，大大减少线路绝缘子的积污程度，从而延长了线路定期清扫的时间间隔，如图 7-1 所示。

此外，按照产品的应用分类，盘形悬式玻璃绝缘子也可分为交流玻璃绝缘子和直流玻璃绝缘子两大类，其中直流玻璃绝缘子因为其所应用的直流电场环境，往往需要更大的体积电阻来减缓绝缘材料内部的离子定向移动，因此交直流玻璃绝缘子的玻璃件配方是不同的。直流玻璃绝缘子可以应用在交流输电线路上，而交流玻璃绝缘子应用在直流输电线路上则会导致产品早期击穿。

按照产品的机械强度，依据 GB/T 7253，又可分为 40、70、100、120、160、210、300、420、550、700、760kN 以及 840kN 等产品，根据不同绝缘需求组成不同的串型，应用在不同电压等级的输电线路上。

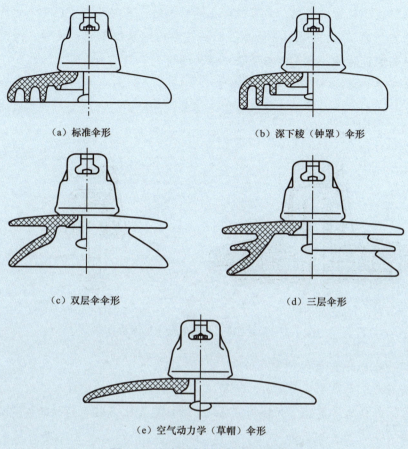

(a) 标准伞形　　　　　　　　　　　(b) 深下棱（钟罩）伞形

(c) 双层伞伞形　　　　　　　　　　(d) 三层伞形

(e) 空气动力学（草帽）伞形

图 7-1　玻璃绝缘子常用伞形示意图

🟢 盘形悬式玻璃绝缘子的性能特点

通常盘形悬式玻璃绝缘子采用的绝缘介质为钢化玻璃。在玻璃熔融并压制成型后，再将高压冷空气吹向玻璃的表面，使其迅速且均匀地冷却至室温，即可制得钢化玻璃。这种玻璃处于内部受拉，外部受压的应力状态，表面平均张力强度可达到 250mPa，是普通玻璃强度的 3～5 倍。一旦局部发生破损或电气击穿，便会发生应力释放，玻璃被破碎成无数类似蜂窝状的钝角碎小颗粒，不易对人体和设备造成严重的伤害。

得益于钢化玻璃的上述物理性质，钢化玻璃绝缘子也表现出了一些显著区别于其他材料的性能特点：

（1）零值自破，方便巡检。由于钢化玻璃件内部处于应力平衡状态，当发生电气击穿时（零值），应力平衡被打破，玻璃一定会破碎成小颗粒散落。

对于钢化玻璃绝缘子来说，只可能存在两种状态：完整状态（内绝缘完好）和破碎状态（零值），如图 7-2 所示；而不存在内部裂纹等隐藏缺陷。钢化玻璃绝缘子的这种特性给线路运维带来了很大的便利，只需通过目视检测，便可判断绝缘子是否被击穿需要更换，而不需要通过更复杂的设备进行进一步的确认。目前，由于无人机巡检技术的突飞猛进，通过固定线路飞行所获取的照片比对，便可轻松完成钢化玻璃绝缘串的在线绝缘质量监测。

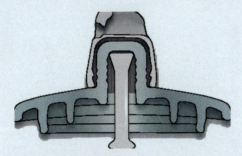 

（a）完整状态＝内绝缘完好　　　　　（b）破碎状态（残锤）＝零值

图 7-2　玻璃绝缘子可能表现出的两种状态

（2）尺寸小重量轻。由于钢化玻璃的强度高、玻璃的介电常数高、钢化玻璃表面存在高强度表面应力，同等强度等级和爬电距离的玻璃绝缘子可以做得更小，产品质量更轻。更轻的绝缘子串对线路施工过程中的运输物流甚至线路载荷的设计都是有益的。

（3）长期稳定，不随时间变化产生劣化问题。钢化玻璃是通过高温使矿物原料熔融形成的各向同性、质量均一的非晶态物质，除非玻璃件中含有其他杂质，玻璃绝缘子将不会出现随着时间变化而产生劣化的现象。由于其材料的惰性，加上内部钢化应力的存在，不易受温度变化的影响，也不会随着时间推移发生任何材料老化的问题。试验证明，从输电线路上取下的已经服役超 60 年的钢化玻璃绝缘子，其机械性能和电气性能仍能满足相关技术标准的要求，而这一切都是因为钢化玻璃材料本身的物理化学特性所赋予的。多种材料对比如图 7-3 所示。

（4）串电压分布均匀，掉串风险小。得益于钢化玻璃材料较高的介电常数，使得玻璃绝缘子具有较大的主电容，成串的电压分布也比较均匀。玻璃绝缘子电气性能更为重要的一个特点在于，当玻璃绝缘子被击穿后，玻璃伞裙整体破碎，从而外绝缘性能和内绝缘性能同时受损。当绝缘子串再次遭受过电压时，电弧将选择更为短的闪络路径，即残锤表面通过，而不会选择通过残锤头部蜿蜿曲折的碎玻璃缝隙。这使得闪络时产生的热量更为迅速地扩散到空气中，从而避免了短时间集中在残锤头部发生绝缘子爆裂掉串的风险，如图7-4所示。

玻璃材料：非晶体结构，　陶瓷材料：各种晶体与无　硅橡胶材料：有机物，
各向同性连续均一　　　　定形态物质混杂，多界面　表面具有憎水性

图7-3　多种材料对比

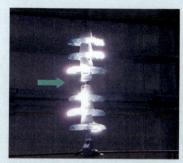 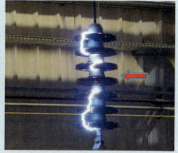

图7-4　玻璃与非玻璃盘形绝缘子串在过电压闪络条件下的电弧路径

　　（5）自动化生产以及绿色环保。玻璃绝缘子的原料来源广，储量大，成分稳定。通常由于玻璃件的生产牵涉到高温熔融，压制成型，钢化等环节，需要连续生产，并且温度较高不适合手工操作，玻璃绝缘子行业早已实现了玻璃件的自动化生产，部分厂家也实现了组装生产的自动化，效率较高。对于玻璃件的主要组成部分，无论是金属件还是玻璃件，均可回收并作为原材料回炉重制，这也大大提高了玻璃绝缘子产品对环境的友好程度。

● 重难点

　　（1）重点：介绍钢化玻璃绝缘子的制造工艺，含生产准备（绝缘子元件设计、主要部件和主要性能的设计、主要原料）；生产制造工艺；包装运输；检验及验收和玻璃绝缘子的应用。

　　（2）难点：在于生产准备、工艺的先进性和工艺的精确控制。

第7章 盘形悬式玻璃绝缘子

7.1 生 产 准 备

玻璃绝缘子的生产准备包括技术准备和材料准备。

（1）技术准备要充分考虑绝缘子元件设计，主要部件和主要性能的设计。主要部件和主要性能要重点关注玻璃件的头部设计、伞形设计、金属附件的设计和绝缘子的成品设计。需要关注，由于直流输电电路其电场分布的特殊性，直流绝缘子的玻璃配方不同于交流绝缘子配方。

（2）钢化玻璃绝缘子的生产材料包括玻璃原料，水泥胶合剂和金属附件。用于制备玻璃配合料的各种物质，统称为玻璃原料。工业生产用玻璃配合料是由多种组分组成的混合物。根据它们的用量和用途，可以分为主要原料或玻璃形成原料和辅助原料两类。主要原料，指玻璃中引入的各种组成氧化物的原料，如石英砂、石灰石、纯碱等，它们在熔制后变成玻璃。辅助原料是使玻璃获得某些必要性质或加速熔制过程的原料。它们的用量小，但所起作用很重要。根据所起作用不同，可以分为澄清剂、加速剂、助熔剂等，此处不做重点描述。

7.1.1 绝缘子元件设计

如同其他材料、其他强度等级的盘形悬式绝缘子一样，玻璃绝缘子的单元件的结构方案仍为：用高铝水泥或硅酸盐水泥添加其他适量配料制备的胶合剂，将铁帽 / 绝缘件（钢化玻璃）和钢脚组合在一起，组成了盘形悬式玻璃绝缘子单元件。

在这个方案中，必须考虑不同材料应当有相近的热膨胀系数，以使绝缘子不同材料之间（铸铁 - 胶合剂 - 绝缘件 - 锻钢）界面的相互作用而不导致部件的损坏。各部件的热膨胀系数如下：

铁帽（可锻铸铁）：	11.5×10^{-6}
胶合剂（以高铝水泥为例）：	10.0×10^{-6}
绝缘件（钢化玻璃）：	9.1×10^{-6}
钢脚（锻钢）：	11.1×10^{-6}

各部件之间的膨胀系数差小，因此，钢化玻璃绝缘子在经受巨大的热变化时，产生的应力较小，具有良好的热稳定性。

串元件结构方案为：利用单元件的帽脚式组合，使元件与元件之间再运用帽脚组合，根据不同的电压等级或不同的污秽等级，可灵活自由组合成不同长度（不同片数）的绝缘子串。

元件与元件之间的球形连接，使元件获得最大的自由度，360 度旋转均可，从而使串元件的挠度大，较之于棒形悬式或槽式穿销的刚性组合，这种柔性组合能有效地防止元件受方向性的应力破坏。

元件与元件之间的组合利用了 R 形锁紧销，当 R 形锁紧销处于操作位置时，可任意增加或减少单元件：当 R 形锁紧销处于锁定位置时，元件可自由转动，但不能拆卸（不能增加或减少单元件）。保证了投运后的绝缘子串不会发生元件之间的分离而引发掉串 / 掉线事故。

与欧美国家使用绝缘子习惯不同，为了实现绝缘子串中单元件的更换，在铁帽下沿靠近端口处，设计了一道突出的棱，以便于带电作业单片更换时，使用卡具。

7.1.2　主要部件和主要性能的设计

（1）玻璃件的头部设计。钢化玻璃绝缘件的头部设计为圆柱体。头部尺寸的大小由所用材料的电气和机械强度决定。钢化玻璃材料是均匀的，与结晶性的瓷质相比，单位面积所承受的电气和机械强度要高得多。因此，钢化玻璃的头部尺寸可比瓷质绝缘子小很多，如此一来，既减轻了元件的重量，又减少了杆塔的重量。为了进一步减小铁帽的尺寸和重量，铁帽的设计采用了双负荷边缘。同时，钢化玻璃用头部环形螺纹代替头部上砂来实现负荷传递。

悬式绝缘子的铁帽、钢脚所承受的拉伸负荷，通过钢脚的锥形头和铁帽的内沿，将拉力转化为玻璃件头部圆周方向的应力。如果拉伸负荷在玻璃件头部均匀分布，并转化为内压负荷，则拉伸负荷 F 可用式（7-1）表示

$$F = p\pi d_1 h \tag{7-1}$$

式中 p——玻璃件头部承受的内压；

   d_1——玻璃件内直径；

   h——铁帽和钢脚重叠部分高度。

同时，玻璃件头部受到的最大应力 σ 可用式（7-2）表示

$$\sigma = p \cdot [(d_2/2)^2 + (d_1/2)^2] / [(d_2/2)^2 - (d_1/2)^2] \tag{7-2}$$

式中 d_2——玻璃件外直径。

因此，玻璃件所承受的拉伸破坏负荷可用式（7-3）表示

$$F_{max} = \sigma \cdot [(d_2/2)^2 - (d_1/2)^2] / [(d_2/2)^2 + (d_1/2)^2] \cdot \pi \cdot d_1 \cdot h \tag{7-3}$$

公式中变量示意如图 7-5 所示。

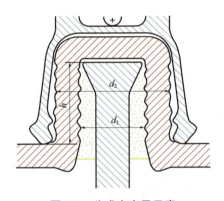

图 7-5 公式中变量示意

将玻璃件的头部尺寸和最大应力代入上述关系式，可计算出玻璃件承受的拉伸强度。为生产出高可靠性的玻璃绝缘子，通常设计的玻璃件强度在额定机械破坏负荷的 1.5～2 倍左右。

（2）伞形设计。伞形设计主要考虑到以下几个方面：

1）爬电距离足够大。

2）伞棱的深度，伞间的距离应使沉淀物被有效地清除掉，如风雨自洁或人工清扫。

3）伞棱的形状要使污秽物不易积聚，特别是在绝缘子的钢脚附近，那里的场强最大。

4）相邻伞棱的间距和深度可以防止电弧跨越。

5）如有足够的爬电距离，可以采用伞下无棱的伞形（外伞形）。

综合以上因素，钢化玻璃件的伞形可大致分为以下几种类型：标准形、耐

污形（包括大爬距耐污形）、空气动力形、外伞形和抗冰形。

（3）金属附件的设计。线路绝缘子的金属附件通常由铸铁件（帽）和锻钢件（脚）组成。金属附件的断裂或者疲劳效应也会使绝缘子元件失效并引发线路事故。因此，金属附件的设计必须考虑并控制以下因素：①金属材料应有保证强度要求的牌号；②金属内部应杜绝会导致其失效的裂纹；③金属附件内部的金相结构达到设计要求；④金属附件表面的防腐层与线路的寿命匹配；⑤金属件的材质。

1）铁帽材质。GB/T 4056 中规定了连接部分帽窝的尺寸及量规，有关铁帽的设计应满足该标准的要求，以保证绝缘子产品和金具的相互连接以及不同厂家产品之间的可互换性。为了保证铁帽机械强度的稳定性和可靠性，可选用表 7-1 中所列的金属材质。

表 7-1　　　　　　　　　　　　　铁帽材质

材质		抗拉强度（mm²）	延伸率（%）
材料	等级		
可锻铸铁	EN1562 BA 50-10	≥ 350	≥10
球墨铸铁	EN1563 GD 500-7	≥ 540	≥7

2）钢脚材质。GB/T 4056 中规定了钢脚杆径的尺寸及量规，有关钢脚的设计应满足该标准的要求，以保证绝缘子产品和金具的相互连接以及不同厂家产品之间的可互换性。为了保证钢脚机械强度的稳定性和可靠性，可选用表 7-2 中所列的金属材质。

表 7-2　　　　　　　　　　　　　钢脚材质

材质		A	B	C	D	E
EN 10083-1		C40E/R	C45E/R	C50E/R	C55E/R	C60E/R
抗拉强度（≥）	N/mm²	550	580	610	640	670
屈服点（≥）	N/mm²	290	305	320	330	340
延伸率（≥）	%	17	16	14	12	11

（4）绝缘子的成品设计。绝缘子的设计需要通过常年的积累，反复验证试验测试数据和设计理念的偏差，才能在原有的基础上精益求精。加上在这期间原料，制造技术，制造工艺，质量管理等的改善，也会影响绝缘子的最终设计。在此，对绝缘子设计的两个重要因素机械破坏强度及电气绝缘强度作简要说明。

1）机械破坏强度的设计。悬式绝缘子机械破坏性能的优劣可由式（7-4）表征

$$X \geqslant SFL + C\sigma \tag{7-4}$$

式中　　SFL ——额定机械破坏负荷；

　　　　X ——机械破坏负荷平均值；

　　　　C ——质量系数；

　　　　σ ——机械破坏负荷标准偏差。

悬式玻璃绝缘子由玻璃件、铁帽及钢脚三部分组成，为了保持绝缘子在长期使用过程中有足够高的强度，确保高可靠性，设计上设定为 $C \geqslant 3$。玻璃件是脆性材料，破坏是从最大应力处开始的，所以设计上的要点是降低最大拉伸应力。对拉伸时玻璃件上产生的应力分布，可以采用有限元法进行分析。

传统可靠的绝缘子设计，应使最大应力的承受部分集中在钢脚杆部，同时通过有效的热处理控制钢脚机械强度的分散性。并通过试验数据验证表明，绝缘子的破坏形式绝大多数都是钢脚延伸，与理论设计相符合。

2）绝缘破坏强度的设计。悬式绝缘子的玻璃件头部厚度与铁帽 - 钢脚之间的空气中绝缘距离相比较短，故施加高压时，存在绝缘子表面不闪络而在玻璃件头部发生击穿的可能。因此，玻璃件头部的击穿电压对沿面闪络的设计裕度非常重要。作为评估玻璃件部分绝缘破坏强度的方法有工频击穿电压试验和陡波试验法，但在实际线路上施加到绝缘子的过电压是以雷击电压为主，因此评估多采用陡波冲击法。陡波冲击对绝缘子的绝缘破坏，是由绝缘子的外部绝缘强度，内部绝缘强度以及施加陡波冲击电压的次数决定的，绝缘强度的设计应对给定配方的玻璃件，进行击穿电压的测试，并对多种绝缘子进行不同陡度的试验，根据试验结果获得头部尺寸的设计指标。

（5）元件的失效分布。由于对悬式绝缘子长期运行的可靠性要求极高，必须把几种不同材料的部件，通过优化设计，达到元件比额定值高的机械强度且能有效控制元件的分散性。图 7-6 以 300kN 盘形悬式玻璃绝缘子为例，显示了各元件的典型的失效分布。

从图 7-6 中可以看出，钢脚的分散性很小，铁帽次之，玻璃件在各部件中具有最大的破坏负荷，同时也具有最大的离散程度，其平均的破坏强度视不同的强度等级，可以高出额定负荷的 40% 至 200% 多。优化设计的原则是：控制玻璃绝缘子机械破坏负荷的分散性，必须通过控制钢脚的平均强度和分散性来实现。

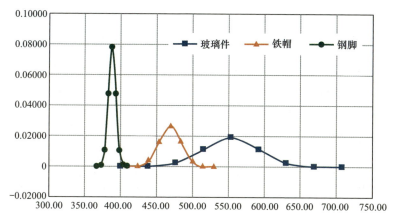

图 7-6　300kN 盘形悬式玻璃绝缘子各元件的失效分布

这种设计理念的原则也是基于材料本身的特性而逐步发展成熟的。玻璃件作为无机非金属材料，很难控制其破坏强度的分散性，而采用可锻钢材料的钢脚，在进行适当的热处理后，往往机械强度的分散性可以控制在很小的范围。因此，钢化玻璃绝缘子作为一个钢脚 - 铁帽 - 玻璃件三元件的整体，从设计角度倾向于采用机械强度分散性较小的钢脚作为最弱原件，以保证整个产品的机械强度分散性小，质量可控。

（6）直流玻璃配方的设计。直流输电电路由于其电场分布的特殊性，不会像交流输电线路产生交变的电场，这就意味着玻璃绝缘子在直流电场的作用下，其内部的阴阳离子有向电场两极移动的趋势。当这种趋势大规模形成时，就会在玻璃件内部形成微电流，而电流的产生也会导致玻璃件局部温度升高，从而进一步降低玻璃的电阻率，导致一个加速的循环直至玻璃件破碎。解决这个问题的关键是大幅提高直流玻璃件的电阻率，尽量阻止玻璃件内部的离子移动，而这方面的设计需要用到玻璃的混合碱效应。

当玻璃中同时存在两种碱金属时，在组成与电阻率的关系曲线上将出现明显的指数级变化以及在特定的组成比例出现极值，即所谓的混合碱效应，而且两种碱金属离子半径相差越大，此效应越显著，如图 7-7 所示。关于混合碱效应的原理，学术界尚有争论，通常认为：玻璃中每个带正电的碱离子和它所在位置的负电荷一起，形成一个电偶极，这个电偶极要同邻近的其他电偶极相互作用（即电动力学交互作用）。由于交互作用，一个碱离子就会受到其周围碱离子的牵制，因而扩散所需的活化能增加。尤其是，当邻近碱离子由于种类不同而电场振荡频率不一致时，影响更大。在混合碱玻璃中，随着一种碱离子浓度的增加，对另一种碱离子来说，其邻近的进入交互作用区的异类碱离子增多，因而交互作用加强，结果扩散活化能随着异类碱离子含量的增加而变大。通俗地讲，半径较大的碱金属离子将对小半径的碱金属离子产生抑制作用，从而提高玻璃件的电阻率。因此，在实际应用中，相比交流玻璃件配方，直流玻璃件通常会加入含有钾离子或者钡离子的原料来提高玻璃件的电阻率。正因如此，如果交流玻璃绝缘子用在直流线路上，将会导致早期的大量自爆，而反之直流玻璃绝缘子用在交流线路上，则只牵涉到产品的成本问题，技术上是可行的。

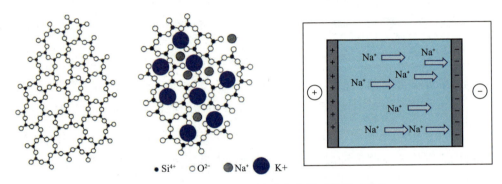

● Si^{4+}　　○ O^{2-}　　● Na^+　　● K+

图 7-7　玻璃内部离子在直流电场作用下的运动趋势
以及大碱基离子的抑制作用示意

7.1.3　玻璃主要原料

（1）石英砂。石英砂是石英矿经破碎加工而成的石英颗粒，主要成分是二氧化硅，是一种坚硬、耐磨、化学性能稳定的硅酸盐矿物。石英砂的颜色为乳白色、或无色半透明状。砂中杂质含量是石英砂品质的一个最重要指标，石英砂中的二氧化硅含量越接近100%，则杂质越少，石英砂品质越好。优质石英砂的含二氧化硅在99%以上，其本色是白色或淡灰色，Fe_2O_3，Cr_2O_3，TiO_2，V_2O_5等能使玻璃着色，因此玻璃颜色的一致性在一定程度上反映了质量控制的一致性。二氧化硅是重要的玻璃形成物，在玻璃中以硅氧四面体的结构组元形成不规则的连续网络，成为玻璃的骨架。

（2）工业纯碱。工业纯碱的主要成分是碳酸钠，是引入玻璃中钠离子的主要原料。在熔制时碳酸钠与石英砂反应，熔融生成玻璃的主要成分，释放出的二氧化碳则逸出进入炉气。纯碱在玻璃制造中的另一个重要作用是助熔剂，它可以使玻璃更容易熔化，同时降低黏度，有利于玻璃液的流动和成型。

（3）石灰石。石灰石的主要成分是碳酸钙，是引入玻璃中钙离子的主要原料，在玻璃中的主要作用是增加玻璃的化学稳定性和机械强度。但含量过高时，玻璃易于析晶。在高温时，钙离子能降低玻璃液黏度，加速玻璃的熔化和澄清，但在低温时，会使黏度快速增大，给成形操作带来困难。

（4）白云石。白云石是组成白云岩的主要矿物成分，其主要化学成分为碳酸镁和碳酸钙等，是玻璃生产的一种重要原料，主要用来向玻璃中引入氧化镁成分，以降低玻璃液的析晶倾向，改善玻璃的成型性能、化学稳定性和机械强度等。

（5）钾长石。钾长石也是玻璃混合料中的重要组成部分。钾长石能够提供玻璃配料中所需的三氧化二铝，降低玻璃的熔融温度，减少纯碱用量，提高玻璃韧性、强度和抵抗酸碱侵蚀能力。钾长石熔融后变成玻璃的过程比较缓慢，结晶能力小，可防止玻璃形成过程中析出晶体而影响正常生产或玻璃缺陷，也可调节玻璃黏度，提高玻璃的工艺加工适应性。

（6）碳酸钾。碳酸钾的添加可以降低玻璃的熔点，从而降低制造成本和提高生产效率。它可以与玻璃原料中的二氧化硅等发生反应，形成较低熔点的碱金属硅酸盐，从而降低玻璃的熔点。在直流玻璃件的生产中，碳酸钾还起到调整玻璃件电阻率的作用。

（7）碳酸钡。碳酸钡可以增加玻璃的折射率、密度、光泽和化学稳定性，也可以使料性变长，少量的碳酸钡能加速玻璃的熔化，但是含量过多时，易产生二次气泡，使澄清困难。

在玻璃制造过程中，采用何种原料来引入玻璃制造需要的氧化物，是玻璃生产中的一个重要问题。原料的选择，应根据已确定的玻璃组成，玻璃的性质要求以及原料的来源、价格和供应的可靠性、制备工艺等全面地加以考虑。原料选择是否恰当，对原来的加工工艺，玻璃的熔制过程，玻璃的质量、产量、生产成本均有影响。

7.1.4　水泥胶合剂

通常绝缘子装配用的胶合剂是由水泥和石英砂按照一定配比混制而成，在绝缘子组装过程中起到连接金属件和玻璃绝缘件的作用，并在绝缘子结构体系中充当抗压填料。在胶合剂的配方中，还会加入微硅粉提升水泥胶合剂的物理结构性能，并根据胶合剂的特性选择相应的缓凝剂和减水剂。目前，玻璃绝缘子行业采用的水泥胶合剂主要分为两种，普通硅酸盐水泥和高强度铝酸盐水泥。一般来讲，硅酸盐水泥胶合剂倾向于使用低温蒸汽养护，以获得显著突出的早期机械强度，而高铝酸盐水泥胶合剂倾向于使用热水养护，使内部晶体堆积更稳定，以期获得长期的机械稳定性。

值得澄清的一点是，通常人们认为水泥胶合剂起到的是"胶合"作用，将金属件和玻璃件"黏合"在一起，但事实并非如此。在绝缘子受到拉力时，通过钢脚铁帽的锥度设计，巧妙地使绝缘子受到的拉力转换成对玻璃件的压力，而胶合剂在其中起到的是机械填料的作用，而非"黏合"作用，如图7-8所示。只要玻璃件不破碎，钢脚铁帽就如被楔子卡在玻璃件头部，不会发生分离，而根据前文所述的玻璃绝缘子设计原则，玻璃件的机械强度要远远大于钢脚铁帽的机械强度。因此，玻璃绝缘子的机械强度和水泥胶合剂的"黏合"能力没有任何关系。

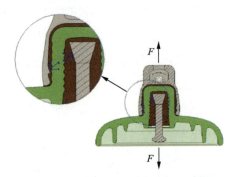

图7-8　玻璃绝缘子受力分解示意图

注 1. 玻璃件在绝缘子受到拉力时，通过钢脚铁帽的锥度设计，将拉力转化为压力；
　　2. 水泥胶合剂在整个体系中并不是起到黏合作用，而是作为抗压填料起到力传导的作用。

7.1.5　金属附件

玻璃绝缘子的金属附件包括钢脚、铁帽和锁紧销。根据绝缘子连接方式的不同，钢脚铁帽分为球头球窝连接和槽型连接两种，相关尺寸要求参见 GB/T 4056，而锁紧销分为 R 销和 W 销两种，相关尺寸要求参见 GB/T 25318。

除此之外，铁帽及钢脚还应满足以下技术要求：

（1）绝缘子的铁帽应符合 JB/T 8178 的规定，绝缘子的钢脚应符合 JB/T 9677 的规定。金属部件的所有表面应光滑、无突出点或不均匀性，以防引起电晕。

（2）铁帽及球头的设计应在所规定逐个试验机械负荷下不发生屈服或变形，以免改变绝缘子的结构高度或将其他应力附加到绝缘件上。

（3）铁帽可用热处理的可锻铸钢、可锻铸铁或球墨铸铁制作，应无裂纹、无皱缩、无气孔、无针眼、无毛边或粗糙的边棱。铁帽应是内外完全同心的圆环形。

（4）铁帽造型应便于带电更换绝缘子。

（5）钢脚应用锻钢制造。全部承荷表面应是光滑和均匀的。

（6）铁帽和钢脚制造不应采用连接、焊接、冷缩压接或其他任何多于一块材料的工艺。

（7）160kN 及以上强度等级的绝缘子铁帽、钢脚应经逐只仪器探伤检测。

锁紧销还应满足以下技术要求：

（1）球头和球窝连接的绝缘子应装备有可靠的开口型锁紧装置。160kN 及以上应采用 R 型销。R 型销应有两个分开的末端使其在锁紧及松开的状态下，防止它完全从球窝内脱出。

（2）锁紧销应采用奥氏体不锈钢或其他耐锈蚀性材料制作，材料不应有防腐蚀表面层，并与绝缘子成套供应。为防止脱漏，销腿末端弯曲部分尺寸应严格满足标准规定。按照 GB/T 25318 进行耐弯曲验证，弯曲后不应产生开裂。

（3）锁紧销的装配应使用专用工具，以免损坏金属附件的镀锌层。

7.2　生产制造工艺流程

钢化玻璃绝缘子产品生产主要分为钢化玻璃件的生产和玻璃绝缘子的组装两段，如图 7-9 所示。

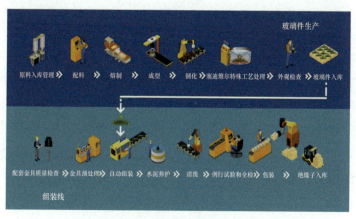

图 7-9　玻璃绝缘子生产制造工艺流程

7.2.1　钢化玻璃件的生产

钢化玻璃件的生产由于涉及高温连续生产工艺，行业内已经实现全自动化。高质量玻璃件的关键在于提高玻璃的均匀性，减少杂质和夹杂物。标准化的生产工艺保证玻璃件严格的质量要求，加上有效的热处理工艺，能大大减少玻璃件自爆的比例。

（1）配料（见图7-10）严格按照配方，通过计算机控制的自动称量系统进行配料混合，减少在称量过程中导致的误差。各种原料在混制前均进行严格的检验，保证原料外观、颗粒度、游离铁、水分及化学成分符合质量要求。在原料混制过程中，严格控制混料湿度以及计量误差。

图 7-10　配料

（2）熔制（见图7-11）玻璃绝缘件是在温度为1500℃的电窑炉或者天然气窑炉中进行将矿物质原材料熔融而制成的。在玻璃熔制过程中，保持炉温的均衡是很重要的一个工艺控制环节。在炉顶及炉底都装有高温热电偶，可实时监控炉顶及炉底的温度，同时对于炉内温度稳定性的控制有助于减少料滴中的气泡。采用最先进的计算机控制系统能实现对熔炉的持续监控。

（3）成型（见图7-12）玻璃液供料机构产生一个稳定重量的玻璃液滴，由机械部件剪切后落入下模，该玻璃液滴质量必须经过严格控制，以确保每次落下的玻璃液滴具有相同的质量。压制成型机为圆盘形设备，圆盘转动以带动玻璃液在每个工位上加工，上模和下模即安装在该设备上。玻璃液滴从上部掉落到下模中，然后移动到压制工位，由上模下模压制成型。成型后必须对产品进行一定时间保压，玻璃液在保压过程中逐渐凝固，形成与模具相同的形状。

图 7-11　熔制

图 7-12　成型

（4）钢化（见图 7-13）玻璃件的钢化是通过对玻璃件表面迅速冷却，形成玻璃表面压应力，内部张应力的平衡的过程，经过钢化的玻璃，可以具有普通玻璃数倍的机械强度。玻璃件可靠的机械性能就是在产品有效钢化的基础上达成的。玻璃本身是脆性材料，应力不平衡会直接导致产品失效，对于复杂形状玻璃件的钢化，需要先进的技术和严格的过程工艺控制。生产过程中应严格控制冷却速度和冷却参数，玻璃件进入钢化机后，保证产品的每个位置都得到均匀的钢化，从七八百度的高温迅速冷却到一百多度。

（5）特殊工艺处理（见图 7-14）钢化玻璃件经过两次温差 300℃ 以上的冷热冲击以及温差 100℃ 以上的热冷冲击，以剔除生产过程中产生的钢化不均匀以及含有杂质的不良品。为了降低产品自爆，厂家可采用特殊的温度处理工艺，对每片玻璃件实施特殊温度冲击，以保证产品质量满足客户要求。

（6）外观检验。逐片的外观检验，对于每批次的产品按照规定进行尺寸测量，内螺纹检验以及机械拉力测试。

图 7-13 钢化

图 7-14 特殊工艺处理

7.2.2 玻璃绝缘子的组装

玻璃绝缘子的组装如图 7-15 所示。

图 7-15 玻璃绝缘子的组装

（1）胶合剂制备。水泥胶合剂由水泥，石英砂和水按照特定的比例制备的。胶合剂用水的温度，工艺上要求不能超过 16℃，为此设置一套水的冷却循环系统，并采用自动控制。如自动控制用水及缓凝剂的量，避免人为的干扰。胶合剂的搅拌采用桨叶式混合机。

（2）金具预处理—铁帽处理线。铁帽人工挂在悬挂链上，铁帽口在粘贴机上进行粘贴植绒，干燥后又运至组装处，铁帽的处理过程中植绒加入量计量，粘贴过程，悬挂链运转等均采用自动控制。铁帽植绒在单独小间进行，解决了敞开式生产的环保问题。

（3）金具预处理—钢脚处理线。钢脚人工挂在悬挂链上，通过漆槽进行上漆处理，经烘箱干燥后又运至组装处，钢脚的处理过程中上漆高度，悬挂链运转等均采用自动控制。钢脚上漆在单独小间进行，采用水溶性漆，解决了敞开式生产的环保问题。

（4）自动组装—铁帽装胶合剂。采用胶合剂投料机，将定量的胶合剂制成胶合剂圆柱体，按照不同品种分别制成不同的尺寸，保证每个产品的水泥胶合剂用量一致，从而使胶合剂的组装高度稳定。整个过程中，胶合剂定量注入装置，机械手运送水泥胶合剂圆柱体至铁帽内，胶合剂的重量检测等均采用 PLC 并显示和记录，一旦出现超出设定的数据，整个设备停机并报警。

（5）自动组装—玻璃件组装胶合剂。玻璃件胶合剂投料机向玻璃件内孔投放胶合剂圆柱体。其形式与铁帽胶合剂投料机相似。同样，胶合剂定量注入，机械手运送胶合剂圆柱体至玻璃内，胶合剂的重量检测均采用 PLC 自动控制，并且显示数据和记录。一旦出现超出设定的数据，整个设备停机并报警。

（6）自动组装—钢脚安装。将钢脚放入玻璃件孔内（在玻璃件中已装有水泥胶合剂圆柱体）并装上固定支架。钢脚在玻璃中经过两次震动。

（7）自动组装—预组装。把铁帽从悬挂链上旋转取下，放在预组装输送带上，并由投料机将胶合剂放入铁帽；玻璃件放在预组装输送带上，然后采用机械手将水泥胶合剂圆柱体放入玻璃件孔内，接着放入钢脚和固定支架。

（8）自动组装—震动。将完成上述过程的铁帽，玻璃件（已装有钢脚）放入振动组装机上进行震动。震动时间由 PLC 控制，若发生未按设定时间时，PLC 会停机并发出警报。组装完成后，经过水冲洗并人工取下。

（9）绝缘子养护。组装的绝缘子采用热水养护，水温控制在 70℃左右。在工艺过程养护装置中完成，养护装置包括养护水槽，吊车和吊篮以及三个热交换器组成。由 PLC 控制养护线速度以确保养护时间。

（10）清洗—绝缘子的冲洗和吹干。经养护的绝缘子人工取出，然后进行水冲洗，以保证绝缘子清洁，清洗装置的运行由 PLC 控制。

（11）例行试验和全检—逐个拉伸负荷试验（见图 7-16）。完成上述过程的绝缘子逐个进行拉伸负荷和结构高度试验。该项试验在自动拉伸负荷试验机上进行，PLC 控制试验过程并记录试验时间，机械负荷及结构高度。整个过程中，机器能自动识别符合与不符合拉力及结构高度的绝缘子并反馈给PLC，由机器自动分选至不同区域，同时自动喷墨机喷印区分好坏产品，避免混淆。

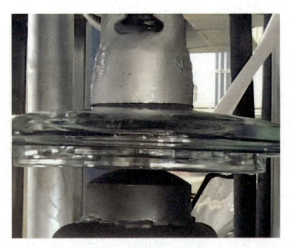

图 7-16 逐个拉伸负荷试验

（12）装锁紧销。经拉伸试验后在自动插锁机上安装锁紧销，并将 R 销冲成一定的角度，全程由 PLC 控制，并且有监控传感器检测每一个锁紧销的开口角度和弯折长度，从细节上保证锁紧销符合相关技术要求。

（13）外观检查及包装。每个组装好的绝缘子都必须经过形位自动检测控制系统的检测。该系统由计算机控制图像处理系统以及九个光学传感器组成，与生产线自动控制系统相互连接，保证产品图像采集，信息同步以及触发相应的机械操作过程。

经逐个拉力试验和装好锁紧销的绝缘子被翻转到包装输送机上，质检人员须逐个检查绝缘子的质量。检验合格的产品打包装箱，并贴上合格的标签。

7.2.3 玻璃绝缘子的工艺控制要点

除了选用优质的原材料外，生产工艺的稳定性也是保证产品质量的一个重要因素。玻璃绝缘子的生产厂家应在长期的玻璃绝缘子生产经营活动中，汲取经验教训，总结工艺环节中的关键控制点，不断优化精进，稳步提升绝缘子产品的质量。当然，由于各厂家的具体生产工艺在细节上也会有所不同，表 7-3中工艺环节的关键控制点仅供参考。

表 7-3　　　　　　　　　　玻璃绝缘子的工艺控制要点

工艺环节名称	主要控制措施及参数			保障提升产品性能质量的作用
	控制措施	参数	控制点	
配料	电子秤自动控制系统	石英砂 ±2kg	配合料各原材料重量	保证配方的准确性、稳定性
	混料机水分添加系统	±0.2%	配合料水分比例	确保配合料水分稳定，提高玻璃熔化质量，减少配料误差
熔制	天然气流量计 + 调节阀	±3℃	玻璃液熔制温度	确保玻璃熔化质量，提高料液稳定性
	液位探针 + 加料设备	±0.3mm	玻璃液窑炉液位	提高料液稳定性
	压力传感器 + 自动控制阀	0.55mm H_2O	窑炉窑压	提高玻璃熔化质量，减少气泡和杂质，提高料液稳定性
成型	压力油缸，自动比例控制阀	产品外观无缺口，裂纹	冲压压力	减少外观缺陷
	冷却风手动调节阀	产品外观无裂纹，褶皱	模具冷却	减少外观缺陷及褶皱
均质	热电偶 + 自动加热系统	±15℃	钢化前产品温度	保证产品能获得好的钢化效果
钢化	自动调节阀	±0.1bar	冷却气压力	提高钢化稳定性
特殊热处理	热电偶 + 自动加热系统	±15℃	热冲击炉温度	剔除杂质
组装	PLC 自动控制	搅拌时间 >4min，组装连续震动 >30s	胶合剂搅拌时间、组装震动时间	提高胶装质量
养护	热电偶 +PLC 自动控制	水温 70±5℃，连续养护时间 >45min	养护时间、水温	提高胶合剂稳定性

7.3　包 装 及 运 输

绝缘子包装码垛是绝缘子生产过程中必不可少的一个环节，码垛的稳定性决定了产品运输过程中由于震动和摇晃对于产品质量产生的影响。由于国内通常采用汽车平板运输，良好的码垛可以最大程度减少货物在运输过程中的倾倒，减少货物碰撞损坏以及人员卸车意外伤害的风险。

7.3.1 包装

（1）包装前预处理。

1）玻璃绝缘子必须是清洁、干燥的，产品内外表面不允许有污垢、尘土。

2）必须使用合格的、合适的包装材料，以保证玻璃绝缘子运输安全。

（2）厂内包装方式（见图7-17）。

1）首先将玻璃绝缘子装在包装箱内，以避免产品与产品的接触及运输过程中的磕碰划伤；

2）包装完好的绝缘子木箱将吊放至托盘，然后整体打包并贴上产品标签，通过最终检验后，并贴上合格标签。机器人包装码垛系统参与的包装码垛工序，箱体定位堆垛准确，捆扎强度稳定适中，既保证了码垛稳定不易倾倒，又保证了捆扎强度不至于破坏木包装箱。

3）整托盘产品外面用塑料覆膜。

图 7-17　厂内包装方式

7.3.2 运输

玻璃绝缘子在厂内转序、长途运输和二次转运过程中注意做好防护，不允许污染绝缘件表面，不允许倾斜倾倒。装卸车时禁止抛掷和在地面拖滚，以免损伤绝缘子。木箱直接装车运输时，要求使用叉车装卸。

绝缘子转运的一般要求为：

1）转运前应检查包装状态，避免在运输过程中打开包装；

2）搬运时应轻拿轻放，禁止绝缘子头部受到撞击；

3）禁止抛掷或拖拽；

4）运输时包装件不应垂直摆放。

储存地点运输应满足以下要求：

1）运输过程中应采取固定措施，保持平稳，避免运输中可能受到的冲击；

2）包装件转运期间，应避免叉车等装卸工具损坏绝缘子；

3）有条件时宜采用托盘包装方式。

安装现场转运绝缘子应满足以下要求：

1）路况颠簸时应控制车辆行驶速度，做好保护措施，避免包装件受到大幅度震荡、冲击等；

2）山区地形采用索道运输时，速度应适宜，避免包装件碰损；

3）车辆无法运输到指定安装位置需人工搬运时，应轻起轻落。

7.4　检　　验

对绝缘子进行检验是保证出厂绝缘子质量的关键。各项检验方法是否完善直接关系到绝缘子在电力系统中运行的可靠性。产品须经公司质量检验部门按标准检验，检验合格并出具合格证后，方可交付用户。绝缘子的检验分为逐个试验、抽样试验和型式试验。抽样试验和型式试验应在逐个试验之后进行。

7.4.1　检验项目

绝缘子的检验分逐个试验、抽查试验和型式试验三类。按照 GB/T 1001.1 和 GB/T 19443 标准，交、直流绝缘子的试验项目如下。

（1）逐个试验。逐个试验是对制成的每一个绝缘子进行的试验，以剔除有制造缺陷的绝缘子，见表 7-4。

表 7-4　　　　　　　　　　逐个试验项目参照表

试验项目名称	绝缘子种类	
	交流盘形悬式玻璃绝缘子	直流盘形悬式玻璃绝缘子
逐个外观检查	√	√
逐个机械试验	√	√
逐个结构高度测试	有条件的厂家进行	有条件的厂家进行
逐个形位偏差测试	有条件的厂家进行	有条件的厂家进行

注　此处逐个试验只对完整的绝缘子进行。在制造过程中，是否对未装配的绝缘件进行逐个试验由制造商决定。

对绝缘子质量控制要求比较严苛的生产企业也可按照质量计划，加入逐个结构高度测试以及逐个形位偏差测试。

（2）抽样试验。抽样试验的目的验证各批绝缘子的原材料质量和工艺方法是否合适。抽样试验作为验收试验，试品应从满足逐个试验要求的绝缘子中随机抽取。参照表见表 7-5。

表 7-5   抽样试验项目参照表

试验项目名称		绝缘子种类	
		交流盘形悬式玻璃绝缘子	直流盘形悬式玻璃绝缘子
尺寸检查		√	√
体积电阻试验			√
偏差检查		√	√
锁紧销检查		√	√
机械破坏负荷试验		√	√
无线电干扰试验		√	
残余机械强度试验		√	√
锌套试验			√
锌环试验			√
镀锌层试验		√	√
热震试验		√	√
击穿耐受试验	空气中冲击击穿试验（$SFL \geqslant 160kN$）	√	√
	工频击穿耐受试验（$SFL < 160kN$）	√	

（3）型式试验。型式试验是新产品定型或老产品修改结构、改变原材料配方和工艺方法时所进行的试验（也可根据改变的性质进行部分型式试验，）目的是用来检验由绝缘子的结构设计、材料和工艺方法是否合适。型式试验的结果可以由用户认可的试验合格证明文件证明，也可由权威机构认可的试验合格证证明。

型式试验绝缘子的选取应从满足相关抽样试验和逐个试验（与型式试验相同的项目除外）要求的绝缘子中随机抽取。型式试验项目参照表见表 7-6。

表 7-6　　　　　　　　　　　型式试验项目参照表

试验项目名称	绝缘子种类	
	交流盘形悬式玻璃绝缘子	直流盘形悬式玻璃绝缘子
尺寸检查	√	√
雷电冲击电压试验	√	√
工频湿耐受电压试验	√	
直流干、湿耐受电压试验		√
残余机械强度试验	√	√
无线电干扰试验	√	
机电破坏负荷试验	√	√
热机械性能试验	√	√
可见电晕电压试验	√	
离子迁移试验		√
热破坏试验		√
SF_6 击穿耐受试验		√
锌套试验		√
锌环试验		√
直流人工污秽耐受电压试验		√
击穿耐受试验	空气中冲击击穿试验（$SFL \geqslant 160kN$）	√	√
	工频击穿耐受试验（$SFL < 160kN$）	√	

注　如客户有特殊要求，可按要求进行增项试验。

7.4.2　检验标准

（1）逐个试验（见表 7-7）。玻璃绝缘子逐个试验包括逐个外观检查、逐个热处理、逐个机械检验。

表 7-7　　　　　　　交直流盘形玻璃绝缘子逐个试验

检测项目	检测内容	相关要求
逐个外观检查	绝缘子端部装配件安装	符合制造图样规定
	结石、裂纹、毛糙、缺料、开口泡、折痕缺陷的玻璃件	JB/T 9678
	气泡、飞边、剥落、痕迹、变形	JB/T 9678

续表

检测项目	检测内容	相关要求
逐个热处理	冷/热冲击以及热/冷冲击	玻璃件温差300℃以上的冷/热冲击以及温差100℃以上的热/冷冲击
逐个机械试验	经受至少3s的50%规定机械破坏负荷的拉伸试验	玻璃件破坏或金属端部装配件损坏或分离的绝缘子应报废
逐个结构高度测试	有条件的厂家进行	有条件的厂家进行
逐个形位偏差测试	有条件的厂家进行	有条件的厂家进行

（2）抽样试验。应对从每批提交的绝缘子中随机抽取绝缘子进行试验。对于任何一种类型的绝缘子，当采用连续制造工艺制造时其批量不应超过10000片，当采用分批制造工艺制造时其批量不应超过5000片。

1）抽样数量。用于抽样试验的绝缘子数量应符合表7-8规定。抽样试验项目按表7-9规定；若合同有特别要求时，可根据需要进行表7-10规定的增项抽样试验。

表7-8   绝缘子抽样数量

母体数量	样本数量		
	E1	E2	E3
≤300	按协议		
301～1200	4	3	4
1201～3200	6	4	6
3201～5000	8	4	8
5001～10000	12	6	12

表7-9   交流玻璃绝缘子抽样试验方法及检验标准

项号	试验名称	试验方法	抽样量（只）	相关要求
1	尺寸检查	GB/T 1001.1—2021 第18条	E1+E2	GB/T 4056—2019
2	偏差检查	GB/T 1001.1—2021 第23条	E1+E2	GB/T 4056—2019；GB/T 25317—2010
3	锁紧销检查	GB/T 1001.1—2021 第24条	E2	GB/T 25318—2019
4	温度循环试验	GB/T 1001.1—2021 第25.1条、25.4条	E3	
5	锌层试验	GB/T 1001.1—2021 第28条	E2	JB/T 8177

续表

项号	试验名称	试验方法		抽样量（只）	相关要求
6	无线电干扰试验	GB/T 1001.1—2021 第 16 条		E2	GB/T 16927.1；GB/T 24623
7	机械破坏负荷试验	GB/T 1001.1—2021 第 21.2 条、第 21.4 条、第 38.2 条、38.3 条		E1	GB/T 4035—2019；GB/T 25317—2010
8	热震试验	GB/T1001.1—2021 第 26 条		E2	
9	击穿耐受试验	空气中冲击击穿试验（$SFL \geqslant 160kN$）	GB/T 1001.1—2021 第 14.3 条	E2	GB/T 20642—2006
		工频击穿耐受试验（$SFL < 160kN$）	GB/T 1001.1—2021 第 14.2 条	E2	
10	残余强度试验	GB/T 1001.1—2021 第 19 条		E3	GB/T 22709—2008

表 7-10 直流玻璃绝缘子抽样试验方法及检验标准

项号	试验名称	试验方法	抽样量（只）	相关要求
1	尺寸检查	GB/T 19443—2017 第 23 条	E1+E2	GB/T 7253；GB/T 4056；GB/T 25317
2	体积电阻	GB/T 19443—2017 第 19 条	E2	
3	轴向、径向和角度偏移检验	GB/T 19443—2017 第 27 条	E1+E2	GB/T 4056；GB/T 25317
4	锁紧装置的检验	GB/T 19443—2017 第 28 条	E2	GB/T 25318
5	温度循环试验	GB/T 19443—2017 第 29 条	E1+E3	
6	机械破坏负荷试验	GB/T 19443—2017 第 24.1 条、第 24、3 条、第 24.4 条	E1	GB/T 4035—2019；GB/T 25317—2010
7	空气中冲击击穿试验	GB/T 19443—2017 第 17 条	E2	GB/T 20642
8	残余机械强度试验	GB/T 19443—2017 第 26 条	E3	GB/T 22709—2008
9	热震试验	GB/T 19443—2017 第 30 条	E2	
10	锌套试验	GB/T 19443—2017 第 35.1 条、第 35.3 条	E1/2	
11	锌环试验	GB/T 19443—2017 第 36 条	E1/2	
12	锌层试验	GB/T 19443—2017 第 32 条	E2	JB/T 8177

2）重复试验程序和判据。二次抽样试验分为计件抽样和计量抽样试验两类，两者重复试验程序和判据见表 7-11。

表 7-11   二次计件抽样和计量抽样重复试验程序和判据

2 次抽样试验类型	试验名称	重复试验程序和接收判据
2 次计量抽样	机（电）械破坏负荷试验	第一次试验时：当试品数 $n≥8$ 时：$2≤$［接受常数 $Q=(\bar{X}-S_{FL})/s$］<3 允许加倍重复试验一次；接受常数 $Q<2$ 拒收。当 $n≤6$ 时，$1.5≤$接受常数 $Q<2$ 允许加倍重复试验一次，接受常数 $Q<1.5$ 拒收；第二次试验时，必须满足本标准要求
	热机试验	第一次试验时 $2≤$［接受常数 $Q=(\bar{X}-R)/s$］<3，允许重复试验一次；接受常数 $Q<2$ 拒收。重复试验必须满足本标准要求
2 次计件抽样	其他	只有一个绝缘子或一个金属部件未通过试验，则按照 GB/T 1001.1 进行重复试验

3）不合格绝缘子的处理。在抽样试验中，当某种绝缘子已被拒绝接收，则不得将该批绝缘子用来供货。不合格批次的绝缘子必须做标志并分隔开，使这些绝缘子绝对没有可能重被用做试验或供货。

（3）型式试验。新产品试制定型或正式生产的产品修改结构，改变原材料配方及工艺方法时，必须按型式试验的全部项目进行试验，或依据改变的性质，按型式试验中的部分项目进行试验。

型式试验应在逐个试验合格后进行，试验项目及验收标准见表 7-12 和表 7-13。

表 7-12   交流玻璃绝缘子型式试验项目及验收标准

项号	试验名称	试验方法	抽样量（只）	相关要求
1	尺寸检查	GB/T 1001.1—2021 第 18 条	10	GB/T 4056—2019
2	雷电全波冲击干耐受试验	GB/T 1001.1—2021 第 12 条、第 39 条、第 41 条	5 片标准短串	GB/T 16927.1
3	工频湿耐受电压试验	GB/T 1001.1—2021 第 13 条、第 39 条、第 41 条	5 片标准短串	GB/T 16927.1
4	残余机械强度试验	GB/T 1001.1—2021 第 19 条	25	GB/T 22709—2008
5	机械破坏负荷试验	GB/T 1001.1—2021 第 21.2 条、第 21.4 条、第 38.1 条	10	GB/T 4035—2019；GB/T 25317—2010
6	热机械性能试验	GB/T 1001.1—2021 第 22 条、第 38.1 条	10	
7	无线电干扰试验	GB/T 1001.1—2021 第 16 条	5	GB/T 16927.1

续表

项号	试验名称		试验方法	抽样量（只）	相关要求
8	可见电晕电压试验		GB/T 1001.1—2021 第 17 条	5	
9	击穿耐受试验	空气中冲击击穿试验（SFL≥160kN）	GB/T 1001.1—2021 第 14.3 条	10	GB/T 20642—2006
		工频击穿耐受试验（SFL<160kN）	GB/T 1001.1—2021 第 14.2 条	10	

表 7-13　　直流玻璃绝缘子型式试验项目及验收标准

项号	试验名称	试验方法	抽样量（只）	相关要求
1	尺寸检查	GB/T 19443—2017 第 23 条	10	GB/T 7253；GB/T 4056；GB/T 25317
2	雷电冲击电压试验	GB/T 19443—2017 第 14 条、第 13 条	5 片标准短串	GB/T 16927.1—2011
3	直流干、湿耐受电压试验	GB/T 19443—2017 第 15 条、第 13 条	3	GB/T 16927.1—2011
4	机械破坏负荷试验	GB/T 19443—2017 第 24 条	10	GB/T 4035—2019；GB/T 25317—2010
5	离子迁移试验	GB/T 19443—2017 第 18 条	50	
6	空气中冲击击穿试验	GB/T 19443—2017 第 17 条	10	GB/T 20642
7	热破坏试验	GB/T 19443—2017 第 20 条	10	
8	SF₆击穿耐受试验	GB/T 19443—2017 第 16 条	10	
9	锌套试验	GB/T 19443—2017 第 35.1 条、第 35.2 条	3	
10	锌环试验	GB/T 19443—2017 第 36 条	3	
11	残余强度试验	GB/T 19443—2017 第 26 条	25	GB/T 22709—2008
12	直流人工污秽耐受电压试验	GB/T 19443—2017 第 21 条	5 片标准短串	GB/T 22707—2008

7.4.3 典型缺陷

本节总结了几种应用过程中遇到的典型缺陷（见表 7-14）。

表 7-14　　　　　　　　　　玻璃绝缘子典型缺陷

缺陷描述	原因分析	示意图	缺陷依据
玻璃件自爆超标	产品自身质量原因与外部运行环境原因		DL 2066—2019 7.4 绝缘子安装前零值率或自爆率统计
铁帽、绝缘件、钢脚不在同一轴线上	产品自身质量原因或拆装阶段受到不恰当的横向的力		DL/T 2066—2019 4.3.3 水泥胶合剂
水泥胶合剂成块脱落	拆装阶段，受到不恰当的横向的力		DL/T 2066—2019 4.3.4 水泥胶合剂
锁紧销有折断、裂纹	拆装阶段，受到不恰当的横向的力		DL/T 2066—2019 4.3.5 锁紧销

7.4.4 缺陷处置

玻璃绝缘子典型缺陷处置措施见表 7-15。

表 7-15　　　　　　　　　　玻璃绝缘子典型缺陷处置措施

缺陷描述	处置措施
玻璃件自爆超标	（1）大于千分之三时，应查找原因并进行处理。 （2）大于万分之三（特高压为万分之二）且小于千分之三时应对该批绝缘子进行抽样，试验方法按照 GB/T 1001.1 或 GB/T 19443 的规定。如绝缘子不满足要求，应分析原因，并采取相应措施
铁帽、绝缘件、钢脚不在同一轴线上	逐个检查，剔除
水泥胶合剂成块脱落	逐个检查，剔除
锁紧销有折断、裂纹	逐个检查，剔除

7.5 到 货 验 收

7.5.1 验收项目

（1）资料检查。到货后，应检查装箱单、合格证是否齐全。

（2）包装检查。到货后，应检查产品包装是否完好、牢固、无松散。

（3）外观检查。同一型号绝缘子按到货数量的千分之五进行抽样检查，外观检查应满足 GB/T 1001.1 或 GB/T 19443 的规定。

（4）抽样试验。必要时，应按照 GB/T 1001.1 或 GB/T 19443 的规定对到货绝缘子进行抽样试验。

（5）其他验收。现场实物检查，绝缘子与铁塔侧金具和导线侧金具的适配与否。

7.5.2 验收标准

（1）资料检查：DL/T 2066—2019 4.1。

（2）包装检查：DL/T 2066—2019 4.2。

（3）外观检查：DL/T 2066—2019 4.3。

（4）抽样试验：DL/T 2066—2019 4.4。

章后导练

基础演练

1. 钢化玻璃绝缘子的产品生产主要分为哪两段？

2. 钢化玻璃绝缘子的产品生产能力不足时，能通过增加人力的方式实现产能的大规模增加吗？

提高演练

1. 请从制造厂角度考虑，列举一两个得到高质量玻璃绝缘子的关键？

2. 直流线路使用的绝缘子不足，能借用交流绝缘子吗？

案例分享

根据输电线路所处的地理环境的污区分级，设计人员通常采用不同的玻璃绝缘子伞形来应对不同的污秽程度，以减少线路污闪的可能。例如，耐污形具有较大的爬电距离，适合应用在盐密和灰密比较大的严重污秽地区；草帽形则由于爬电距离较小，但不容易积污，适合用于灰密较大的沙漠地区；标准形适合用于轻微污染的内陆地区，而外伞形则因为具有良好的自洁性能，适合用于污染严重但雨水充沛的地区。至于污秽特别严重的区域，RTV 浸涂的玻璃绝缘子产品则兼备了玻璃绝缘子零值自破易检测和复合绝缘子表面憎水的特性，成为一种更好的选择，如图 7-18 所示。

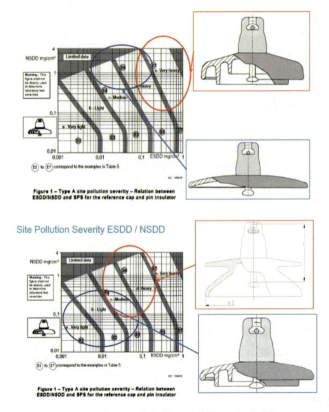

图 7-18　不同污秽度地区的绝缘子外形选择

（1）外伞形玻璃绝缘子。外伞形玻璃绝缘子（包括双伞形、三伞形）是近年来玻璃绝缘子行业开发出的新产品。长年以来，玻璃绝缘子受因于模具的开模方式，很难提高外伞型产品的生产合格率。经过多年持续不断的探索，目前外伞型玻璃绝缘子的生产工艺日趋成熟，成品已经大批量使用在国内特高压工程上。

外伞形玻璃绝缘子由于其独特的空气动力学设计，在严重污秽地区不易像耐污型产品在伞棱下积污，其向外伸展的伞棱即使积污，也容易通过风雨自洁，大大减轻了运维人员定期清扫的负担。图 7-19 显示了外伞形产品的空气动力学设计原理，良好的自洁性能使其逐渐成为严重污秽地区的首要选择。

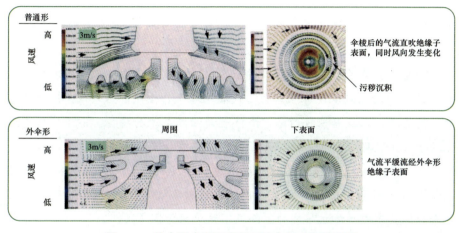

图 7-19　外伞形产品不易积污的空气动力学原理

（2）用于抗冰需求的玻璃绝缘子。用于抗冰需求的玻璃绝缘子其实是空气动力形产品（见图 7-20），为了适合冰区的绝缘配置，抗冰型产品在空气动力型产品的基础上增加了伞棱，从而在盘径不变的基础上增加了爬电距离。该类产品适合在冰区与耐污型产品插花使用，较大的盘径使冰雪融化时的流水不至于桥接，解决了融冰时的闪络问题。

（3）RTV 工厂化浸涂玻璃绝缘

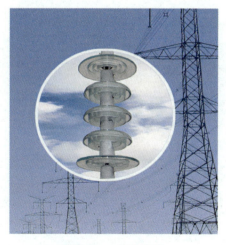

图 7-20　抗冰应用

子。在极端污秽严重的地区，或绝缘配置随环境变化不足的地区，玻璃绝缘子并不能完美地解决污闪问题，于是在玻璃表面喷涂 RTV 硅橡胶涂料或者增加硅橡胶增爬裙便成了临时性的解决方案。然而，由于现场喷涂施工环境的限制，并不能做到绝缘子表面的完全清洁，从而导致 RTV 喷涂效果大打折扣，或者若干年后涂层起皮剥落。由于 RTV 涂层喷涂厚度不一致，或者局部起皮剥落，会导致电场分布不均匀，进一步增加玻璃绝缘子局部电场集中而产生群爆的风险。此外，硅橡胶增爬裙虽然增加了外绝缘的爬电距离，暂时解决了绝缘子串闪络的问题，但由于外绝缘的增强使线路过电压的风险集中在了绝缘子的头部，即内绝缘的性能上，因此增加了增爬裙的玻璃绝缘子很容易在雷击后发生自爆，就是因为外绝缘的突然增强打破了产品设计的内外绝缘平衡。

RTV 工厂化浸涂玻璃绝缘子的出现，成为解决以上问题的重要手段。RTV 工厂化浸涂玻璃绝缘子结合了玻璃绝缘子易检测，不老化，便于带电更换的优点，以及硅橡胶憎水，降低表面泄漏电流的特性。由于采用工厂化浸涂，工艺环境可控，绝缘子表面也可在浸涂前得到充分清洗，解决了 RTV 涂层与玻璃表面结合力的问题，涂层厚度也更均匀。由于 RTV 涂层表面具有良好的憎水性，憎水迁移性以及憎水恢复性，使得 RTV 工厂化浸涂产品具有杰出的抗污能力，降低了线路的污闪风险。

导读

棒形悬式复合绝缘子是架空输电线路的重要材料。本章从生产制造的角度出发，从生产准备、制造工艺、包装及运输、检验及验收四个方面介绍棒形悬式复合绝缘子的相关内容。

重难点

（1）重点：介绍棒形悬式复合绝缘子的制造工艺，包含①生产准备——技术及原材料准备；②制造工艺——炼胶、芯棒处理、注射成型、装端；③包装及运输——标志、包装、运输；检验及验收——检验项目、检验标准、典型缺陷、缺陷处置、验收项目、验收标准。

（2）难点：在验收标准的理解，棒形悬式复合绝缘子的验收标准，体现在验收标准的理解及执行上。

重难点	包含内容	具体内容
重点	制造工艺	1.生产准备 2.制造工艺 3.包装及运输
难点	验收标准	验收标准的理解及执行

第8章 棒形悬式复合绝缘子

复合绝缘子是至少由两种绝缘部件，即芯体和伞套制成，并装配有端部金属附件的一种聚合物绝缘子。复合绝缘子在国内又被称为合成绝缘子，在国外还被称为非瓷绝缘子。棒形悬式复合绝缘子是复合绝缘子的一种使用类型，常用于高压架空输配电线路中的线路绝缘和导线的机械支撑。

棒形悬式复合绝缘子的芯体通常采用环氧树脂玻璃纤维引拔棒，复合绝缘子的芯体是内绝缘件，也是承担机械功能（拉伸、弯曲、扭转、压缩）的部件。复合绝缘子的伞套一般多采用高温硫化硅橡胶材料制造，如图8-1所示。

图 8-1　棒形悬式复合绝缘子

8.1　生　产　准　备

生产准备包括技术准备和主要原材料准备。

（1）技术准备：图纸检查、核对国家、行业标准规范、工程技术规范书、设计院串图、电力金具通用设计，编制相应工艺文件、质量控制计划和检验计划。

（2）主要原材料采购：在合规供应商中，采购原材料，检查原材料质量文件，进行入厂复检。

高温硫化硅橡胶复合绝缘子主要由高温硫化硅橡胶、芯棒、端部附件组成。其中高温硫化硅橡胶主要由生胶、气相二氧化硅、氢氧化铝粉等原材料制成。

8.1.1　生胶

生胶是制造复合绝缘子硅橡胶伞套的主要材料。硅橡胶是聚硅氧烷最重要最重要的产品之一。硅橡胶硫化前的基础聚合物为高摩尔质量的线性聚硅氧烷，俗称为硅生胶（或简称为生胶），硫化后形成为网状的弹性体，即聚硅氧烷弹性体，也就是硅橡胶，是复合绝缘子具有憎水性及憎水性迁移、恢复的主要原料。

聚硅氧烷是一类以重复的 Si-O 键为主链，硅原子上直接连接有机的聚合物。在国内习惯地将硅烷单体及聚硅氧烷统称为有机硅。有机硅有三种形式：

（1）硅氧烷液体称为硅油。

（2）聚硅氧烷橡胶称为硅橡胶。

（3）聚硅氧烷树脂称为硅树脂。

聚硅氧烷主链结构为（O-Si-O），化学成分在本质上和石英一样，区别仅在于侧链上连接了有机基，主要为甲基。

生胶材料的主要性能指标见表 8-1。

表 8-1　　　　　　　　　　　　　生胶材料性能指标要求

序号	项目名称	单位	指标要求			
			MVQ110-0 型	MVQ 110-1 型	MVQ 110-2 型	MVQ 110-3 型
1	外观	—	无色无异味的透明胶状体，无肉眼可见杂质，无异常黏手现象			
2	相对黏均分子量	万	56 万～68 万			
3	挥发分（150℃，3h）	%	≤1	≤1	≤1	≤1
4	乙烯基链节摩尔分数	%（以摩尔分数计）	0.03～0.06	0.07～0.12	0.13～0.18	0.19～0.24

8.1.2 气相二氧化硅（气相法白炭黑）

气相二氧化硅在硅橡胶中主要起补强作用，未经补强的硅橡胶硫化后其拉伸机械强度很低，只有 0.35MPa，经补强后其拉伸强度可提高到 3.9～14MPa。

复合绝缘子用混炼硅橡胶的补强剂主要采用的是气相法白炭黑，其化学成分是 SiO_2 微粉。其结构与生胶主键相似，故生胶分子较易吸附在分散的 SiO_2 粒子表面，使粒子间距小于粒子自身的直径。从而产生结晶效果，强化了吸附层内分子间的吸引力。气相法白炭黑是一种超纯超细的纳米材料，硅含量达 99.8%，并有微量的 Al_2O_3、Fe_2O_3、TiO_2、HCl，其表面有硅烷醇基团（SiOH），而颗粒内部为 O–Si–O 键。

（1）白炭黑制造原理。气相法白炭黑是以四氯化硅（$SiCl_4$）或以一甲基三氯硅烷（CH_3SiCl_3）为原料，在氢—氧气流高温（1000～1200℃）下，经燃烧而产生的纳米级颗粒 SiO_2。

（2）气相白炭黑材料主要性能指标见表 8-2。

表 8-2　　　　　　　　气相白炭黑材料主要性能指标要求

序号	项目名称	单位	指标要求		
			比表面积 200	比表面积 150	比表面积 380
1	外观	—	蓬松絮状白色粉末、无肉眼可见杂质		
2	悬浮液 pH 值	—	3.70～4.50	3.70～4.50	3.70～4.50
3	105℃挥发物含量	%	≤3.0	≤3.0	≤3.0
4	灼烧减量	%	≤2.5	≤2.5	≤2.5
5	比表面积	m^2/g	180～220	150～180	350～410
6	表观密度	g/l	30～60	30～60	30～60
7	二氧化硅含量	%	≥99.8	≥99.8	≥99.8

8.1.3 氢氧化铝粉 / 活性氢氧化铝粉

氢氧化铝粉在混炼硅胶中主要起阻燃作用，满足伞套材料耐起痕、蚀损性能。

（1）阻燃剂品种和原理。复合绝缘子用混炼硅胶的阻燃剂常用的是氢氧化铝粉，其化学式为 $Al_2O_3 \cdot 3H_2O$。其工作原理有两个：

1）当复合绝缘子运行中出现电弧时，$Al_2O_3 \cdot 3H_2O$ 加热到220℃以上会分解成氧化铝，分解时吸热 2.1kJ/g 热量。约在 220～600℃放出水将电弧熄灭。这就是它阻燃的主要原理。

2）由于 $Al_2O_3 \cdot 3H_2O$ 具有很高的热导率，它可以有效地散掉一部分热。这是它阻燃的次要原理。根据这个原理我们可添加一些更高导热系数的材料，如球状氧化铝和氮化硼来提高混炼硅胶的散热性能，其阻燃效果会更好。

（2）氢氧化铝粉的主要技术指标见表 8-3。

表 8-3　　　　　　　　　　氢氧化铝粉的主要技术指标

序号	项目名称	单位	指标要求	
			活性氢氧化铝	非活性氢氧化铝
1	外观	—	白色粉末状固体、无结团、无结垢、无肉眼可见的颗粒	
2	$Al(OH)_3$ 含量	%	≥98	≥98
3	pH 值（30% 悬浮液）	—	7.5～10.5	7.5～10.5
4	水分含量（110℃ ±5℃）	%	≤0.6	≤0.6
5	灼烧减量	%	34.5±0.5	34.5±0.5
6	中位粒径 D50（激光法）	μm	1.0～7.0	1.0～5.0
7	吸油量	mL/100g	≤35	≤35
8	电导率（10%）	μS/cm	≤30	≤30
*9	比重	—	2.40～2.80	2.40～2.80
*10	表观密度	g/mL	0.50～1.40	0.50～1.40
11	SiO_2 含量	%	≤0.02	≤0.02
12	Fe_2O_3 含量	%	≤0.02	≤0.02
13	Na_2O 含量	%	≤0.40	≤0.40
14	白度	%	≥97	≥97
15	处理剂含量	%	1.0～1.5	—

注　带＊号的项目仅新送样品时测试，仅作参考，不作为判定标准。

8.1.4　端部金属附件

金属附件是复合绝缘子的两端连接部件，一般使用镀锌钢件并必须具有适当的延伸性以能与芯棒连接。其技术要求、试验方法和检验规则应符合 DL/T 1579 的有关规定。除不锈钢外的所有铁质金属附件都应按照 JB/T 8177 进行热镀锌。金属附件的连接尺寸应符合 GB/T 4056 和 GB/T 20876.2 的规定。

金属附件的所有表面应光滑、无尖角毛刺或不均匀性，以防引起电晕。如锻造应无裂缝、薄层、疤痕、皱皮、银白色等。在端部金具镀锌前，所有毛刺均应清除干净，且构件尺寸符合标准要求。

8.1.5 芯棒

芯棒是绝缘子的内绝缘部分，同时用于保证设计的机械强度。芯棒由玻璃纤维增强树脂棒制成，应具有较好的耐酸腐蚀性能。

芯棒应能在较大温度范围内承受长期的机械和电气负荷；注射工艺应采用耐高温芯棒。

芯棒应满足 DL/T 1580 的要求，部分技术参数应满足表 8-4 的要求。

表 8-4　　　　　　　　　　　　芯棒技术参数

项号	检测项目	规定值
1	吸水率	≤0.05%
2	干工频耐受电压	80% 工频闪络电压值耐受 30min，温升≤5K
3	雷电冲击耐受电压 [(10±0.5)mm]	≥+100kV
4	拉伸强度	≥1100 MPa
5	耐应力腐蚀试验	1N 浓度硝酸，96h 内未出现断裂
6	染色渗透试验	品红溶液渗透 15min，无贯通渗透
7	水扩散试验（100h）	≤50μA（r.m.s）

8.1.6 均压环

110kV 及以上电压等级的复合绝缘子应在高压端和低压端安装均压环，以改善金属附件端部场强，均压环安装于复合绝缘子上应可靠固定。均压装置的材料应使用有足够机械强度、硬度的铝合金。均压环支架与环体应可靠连接，外观光滑，无毛刺和尖端。安装后无松动，无滑移。防鸟害均压环的铝板内侧应进行卷边处理。

均压环的管径、环径及屏蔽深度应满足 DL/T 1000.3 要求。

8.2　制　造　工　艺

棒形悬式复合绝缘子制造工艺主要有挤包穿伞及整体注射成型两种，制造流程如图 8-2 所示。

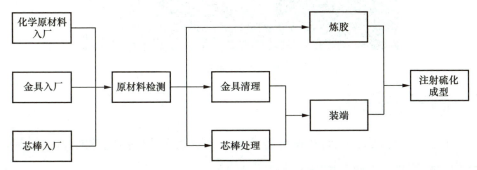

图 8-2　棒形悬式复合绝缘子制造流程

化学原材料、金具、芯棒入厂检验的要求见 8.1，通过严格的原材料供应商控制和原材料检测，保证后续产品的过程合格率和产品性能一致性。

8.2.1　炼胶

（1）工序 1—配料：该工序目的是按配方要求按每一锅总重将各种料按比例称好，并做好标识，主要炼胶设备见图 8-3。

1）大料配料：生胶、白炭黑、氢氧化铝。

2）助剂配料：硅油、偶联剂、硫化剂、色膏。

（2）工序 2—混炼：该工序目的是将各种原料充分混合均匀，有利于热炼工序中的化学反应充分均匀。

（3）工序 3—热炼：该工序是将混炼好的胶加热到 160℃ ±5℃，并抽真空。其目的有两个：

1）加热后发生缩合氢键反应；

2）将原料中的水分和有害的挥发物质通过加热充分挥发出来，同时通过抽真空将已挥发出来的物质抽出来，保证在注射时胶料的干爽，避免被注射产品产生气泡和黏模。

图 8-3　炼胶机

8.2.2　芯棒处理

（1）芯棒打磨。打磨芯棒主要是去除芯棒表面残留的脱模剂，以确保芯棒和硅胶之间的界面黏结的质量。

（2）芯棒清洗。由于打磨完芯棒其表面附着一些粉尘和污秽，必须进行清洗。对于芯棒的清洗目前国内绝大生产厂家一般采用酒精进行擦洗。但这有个缺点，酒精消耗量很大，且洗不干净。有些厂家先采用清水清洗后烘干，在注射现场再用酒精擦一遍，以清除在搬运过程中芯棒被油渍污染的表面。这样可节约酒精且洗得很干净。

8.2.3　注射成型

（1）整体分段成型。整体分段成型工艺就是将一支长的产品分段进行接驳硫化，整体注射成型设备见图 8-4。

硫化原理是：在高温、高压和一定的时间内将可塑性很强的线性硅氧分子结构的混炼胶交联成有一定固定形状的网状硅氧分子结构的制品。并和芯棒、金具交联成一整体。

注射前先对芯棒涂擦偶联剂，然后在一定温度下进行一定时间的预烘以将偶联剂激活。以便于在模具中和混炼胶偶联。

注射完毕还要将合模缝上的飞边削掉。

（2）挤包串伞成型。挤包串伞成型的工艺有三道工序：

1）制作单个伞片。采用多层模压机制作伞片，这种模压机由于有好几层，所以工作效率很高。

2）挤制护套。该工序是将硅橡胶通过挤包护套机包覆在芯棒表面。

3）自动串伞。采用自动串伞机按设计要求的将多个伞片和挤有护套后的芯棒串接成一体。

图 8-4　整体注射成型设备

8.2.4　装端

悬式复合绝缘子装端目前采用压接式工艺。压接工序是复合绝缘子的关键工序，金具端头与芯棒连接的可靠性关系到输电线路的安全运行。压接时的压力设定是该工序的关键点，压力过小，金具塑性变形不够，对芯棒摩擦力小，易导致掉串事故；压接压力过大，可能导致芯棒受伤甚至粉碎，降低复合绝缘子可承受的重量，同样易导致掉串的严重事故。合适的压力设定才能保障复合绝缘子稳定运行。端部金具装配用压接机如图 8-5 所示。

图 8-5　端部金具装配用压接机

8.3 包 装 及 运 输

8.3.1 标志

为了确保货物安全到达目的地，所有的包装箱上都应有正确、清晰、牢固的标志，以避免由于包装不完善或标志难以辨认，导致货物丢失、损坏或误送。

8.3.2 包装

绝缘子包装采用 JB/T 9673 的规定或按客户合同要求。

一般情况下 220kV 及以下绝缘子采用纸箱包装，330kV 及以上绝缘子采用纸筒包装，绝缘子和包装容器之间应有一定数量塑料泡沫支撑卡具。

包装容器应具有足够的堆码抗压强度和搬运时足够的抗弯曲强度以及良好的防潮、防震、防鼠等保护性能，以确保在运输、储存、现场堆放和搬运时的要求，不致因包装不良而损坏产品和使金具产生腐蚀。

均压环应单独包装在纸箱内，其包装数量按包装箱图样设计执行（包括组装在一起的螺栓、弹簧垫圈和螺母）。

包装容器内应装有合格证和一份安装使用说明书。

（1）产品包装。

1）纸箱包装。在包装箱上填写出厂编号、在"□"位置用"√"方式标注产品型号和颜色，用印章盖上产品代码和包装号（含包装日期和工号）等，见图 8-6。

图 8-6　纸箱包装标识

10～220kV 悬式绝缘子适合使用纸箱包装。按包装产品图样技术要求，将产品按规定数量如图所示摆放，将合格证和说明书放入包装箱内，将小伞卡在卡具内。66kV 及以下产品每箱放 2 套卡具，110kV 产品每箱放 3 套卡具，220kV 产品每箱放 4 套卡具，将上、下卡具扣合到一起，包装好后放置到规定的区域。见图 8-7 和图 8-8。

图 8-7　包装箱摆放卡具图示

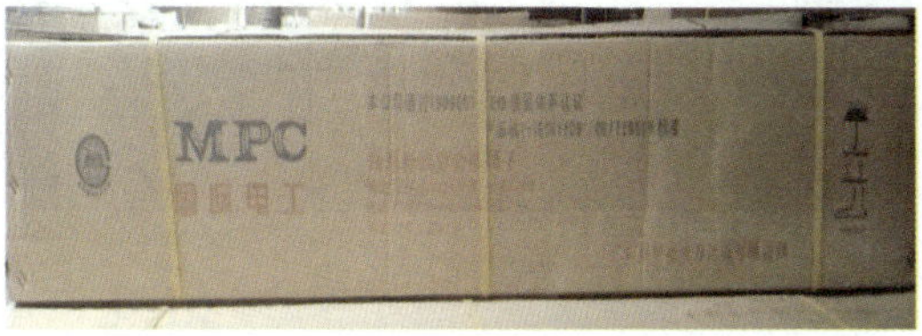

图 8-8　纸箱包装后放置图

2）圆筒包装。

a. 将产品标识和发货标识粘贴在包装管球窝端或低压端并填写出厂编号，"搬运位置"标识在包装管上均匀分布（6m 以下贴 2 条、6～9.5m 贴 3 条、大于 9.5m 贴 4 条），见图 8-9。

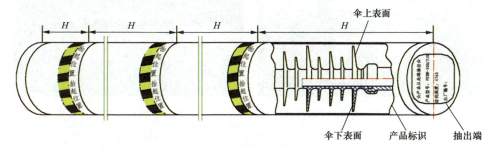

图 8-9　圆筒包装标识

b. 产品标识粘贴在抽出端，见图 8-9。

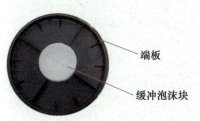

图 8-10　缓冲泡沫块安装位置图

c. 在端板中孔装缓冲泡沫块，见图 8-10。

d. 绝缘子必须套塑料袋以保护产品。

e. 用干净的布倒上硅油擦金具以防氧化，见图 8-11。

f. 将产品由抽入端插入包装管的同时卡入泡沫支撑卡具（3m 及以下用 2 副、3～5m 用 3 副、5～7m 用 4 副、7～10m 用 5 副、

10～12m 用 6 副），见图 8-12。

图 8-11　金具涂擦硅油

图 8-12　支撑卡具装入图示

g. 把说明书和合格证放在抽入端的塑料袋内并扎好口袋，最后盖上端板，见图 8-13。

h. 盖好端板后用收缩膜缠紧密封，见图 8-14，然后放置到规定的区域。

图 8-13　说明书、合格证放置图

图 8-14　收缩膜缠紧密封图

（2）均压环包装。

1）根据用户订单将同一支产品上所配均压环包装在包装箱内，并在包装箱上"□"位置用"√"方式标注产品型号和适用的产品，见图 8-15。

2）将装有螺栓、螺母、垫圈的小密实袋一起装入塑料袋封口，然后放入说明书，见图 8-16。

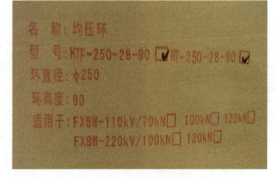

图 8-15　均压环包装标识图

3）如有特殊要求时，将压板和连接板与环体组装好后装入塑料袋并封口，见图 8-17。

图 8-16　零部件、说明书放置图　　　图 8-17　均压环组装包装方式图

4）铝管均压环采用 2 只包装：先将压板和连接板用拉伸膜缠绕在一只环体上，再按图示方式进行摆放，见图 8-18。

5）铝管普通型与防鸟害型均压环采用 2 只包装：将压板和连接板用拉伸膜缠绕在普通型均压环环体上，按图示方式进行摆放，中间放入支撑纸筒，见图 8-19。

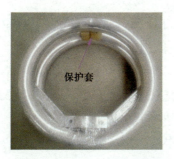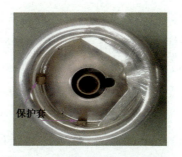

图 8-18　普通铝管均压环包装图示　　　图 8-19　防鸟害型均压环包装图示

6）压铸铝均压环采用 12 只包装：先把两个一组的均压环装入袋子中，然后放入纸箱，见图 8-20。螺栓、螺母、垫圈用密实袋装好，放入纸箱内，连接板和压板放置在纸隔板上，并套入封口袋中，见图 8-21。将均压环连接板压板和说明书一起装入纸箱，用透明胶带封口。

图 8-20　压铸铝均压环环体包装图

图 8-21　均压环连接板压板包装图

8.3.3　运输

汽车、火车以及集装箱运输应符合行业标准要求，并确保绝缘子在运输过程中不松动、不移位、不碰撞。装货人员应正确穿戴好劳保用品，起吊时操作人员不得离吊物太远，但也要保持一定的安全距离（3m）。装货过程中，应注意货物摆放整齐。

（1）所有的复合绝缘子的包装设计都应使用大小适合，材料选用合理。还可根据绝缘子的尺寸、重量，结合运输方式提出适合于工程环境的包装方式和运输方式，供买方确认。

（2）包装箱（筒）内应设有合适的缓冲措施，以防止在运输和搬运过程中的损坏或变形。在运输过程中做好防潮、防雨措施。

（3）现场转运过程中禁止抛、扔行为，避免产品撞击引起隐性损伤。从材料站至塔位的现场转运通常不应拆包装箱（筒），产品较长时应多人分段抬起装运，保证绝缘子水平不弯折，不允许连同包装物一起拖拉。

（4）材料站现场储存要求堆放地面需平整，堆放产品处设置在地面高处，防止积水浸泡。仅允许堆放不超 2m，堆垛上方禁止放置其他较重或腐蚀性物品（如：金具、油桶等）。

8.4　检　　　验

8.4.1　检验项目

绝缘子的检验分为定型试验（包括设计试验、型式试验、抽样试验和逐个试验）、抽样试验和逐个试验。

绝缘子的定型试验由国家授权的行业及以上产品质检机构承担。卖方应向买方提供由检验机构出具的检验报告。

在试验报告有效期内，若试验报告标的产品设计发生改变［指影响电气、机械性能的结构、外形、材料（零部件）、工艺发生的所有改变］，应按照产品标准的规定重新实施或补充实施相关试验，形成新的定型试验报告。定型试验中只要有一支绝缘子不符合试验项目中任何一项要求，则定型试验不合格。

（1）设计试验：设计的项目、试品数量、试验方法见表 8-5。

表 8-5　　　　　　　　　　　　设计试验

序号	试验项目名称	判断依据
1	界面和端部装配件连接试验	
1.1	试品	
1.2	预应力	
1.2.1	突然卸载预应力	
1.2.2	热机预应力	GB/T 19519—2014 中 10.2
1.2.3	水浸渍预应力	
1.3	验证试验	
1.3.1	外观检查	
1.3.2	陡波前冲击电压试验	
1.3.3	干工频电压试验	
2	伞和伞套材料试验	
2.1	硬度试验	
2.2	1000h 紫外光试验	
2.3	起痕和蚀损试验	GB/T 19519—2014 中 10.3
2.4	可燃性试验	
2.5	伞套材料耐电痕化和蚀损试验	
2.6	憎水性试验	
3	芯棒材料试验	
3.1	染料渗透试验	
3.2	水扩散试验	GB/T 19519—2014 中 10.4
3.3	应力腐蚀试验（耐酸芯棒需做此项试验）	

序号	试验项目名称	判断依据
4	装配好的芯棒的负荷—时间试验	
4.1	尺寸和外观检查	
4.2	机械负荷试验	GB/T 19519—2014 中 10.5
4.2.1	装配好的绝缘子的芯棒平均破坏负荷的确定	
4.2.2	96h 耐受负荷的检查	

判定准则：设计试验过程中任何一项试验不合格，则设计试验为不合格。

（2）型式试验：型式的项目、试品数量、试验方法见表 8-6。

表 8-6 型式试验

序号	试验名称	判断依据	备注
1	电气型式试验		
1.1	干雷电冲击耐受电压试验	GB/T 19519—2014 中 11.2	
1.2	湿工频电压试验	GB/T 19519—2014 中 11.2	
1.3	湿操作冲击耐受电压试验	GB/T 19519—2014 中 11.2	330kV 及以上产品需做此项试验
1.4	可见电晕试验	GB/T 2317.2	
1.5	无线电干扰试验	GB/T 24623	
1.6	工污秽试验	GB/T 34937—2017 中附录 E	供需双方间有协议时进行
2	损伤极限验证试验及端部装配件与绝缘子伞套间界面的密封试验	GB/T 19519—2014 中 11.3	

判定准则：型式试验过程中任何一项试验不合格，则设计试验为不合格。

（3）抽样试验。抽样试验是为了验证绝缘子由制造质量和所用材料决定的特性。抽样试验对从提交验收的绝缘子批中随机抽取的绝缘子进行。

1）批量均匀性。应从每批提交的绝缘子中随机抽取绝缘子进行试验。

2）抽样试验数量。抽样试验使用 E1 和 E2 两种样本，抽样数量见表 8-7。

表 8-7 抽样数量

母体数量	样本数量	
	E1	E2
$N \leqslant 300$	2	2
$300 < N \leqslant 2000$	4	3

3）抽样试验试品数量、试验方法见表 8-8。

表 8-8　　　　　　　　　　　　抽样试验

序号	试验名称	判断依据
1	尺寸检查	GB/T 19519—2014 中 12.2
2	端部装配件检查	GB/T 19519—2014 中 12.3
3	端部装配件与伞套间界面的密封检查	GB/T 19519—2014 中 12.4
4	规定机械负荷试验	GB/T 19519—2014 中 12.4
5	镀锌层试验	GB/T 19519—2014 中 12.5
6	陡波前冲击耐受电压试验	GB/T 19519—2014 中 12.6

（4）逐个试验。

逐个试验用来剔除有制造缺陷的绝缘子，对提交验收的每支复合绝缘子进行。

逐个试验项目见表 8-9，检验规则应符合产品国家标准规定。

表 8-9　　　　　　　　　　　　逐个试验项目

序号	试验名称	试品数量	判断依据
1	机械逐个试验	全部	GB/T 19519—2014 中 13.1
2	外观检查	全部	GB/T 19519—2014 中 13.2

棒形悬式复合绝缘子主要试验设备如图 8-22～图 8-24 所示。

图 8-22　拉力试验机

图 8-23　高压工频试验机

图 8-24　冲击电压试验机

8.4.2　检验标准

在检验时，应符合相应的国家及行业标准，主要试验标准见表 8-10。

表 8-10　　　　　　棒形悬式复合绝缘子主要试验标准

项号	标准名称	标准号
1	架空线路绝缘子　标称电压高于 1000V 交流系统用悬垂和耐张复合绝缘子　定义、试验方法及验收准则	GB/T 19519
2	架空线路绝缘子　标称电压高于 1500V 直流系统用悬垂和耐张复合绝缘子　定义、试验方法及接收准则	GB/T 34937

项号	标准名称	标准号
3	绝缘子串元件的球窝连接尺寸	GB/T 4056
4	标称电压高于 1000V 的架空线路用复合绝缘子串元件　第 1 部分：标准强度等级和端部附件	GB/T 21421.1
5	绝缘子金属附件热镀锌层　通用技术条件	JB/T 8177
6	绝缘子　产品包装	JB/T 9673
7	电压高于 1000V 架空线路用绝缘子使用导则　第 3 部分：交流系统用棒形悬式复合绝缘子	DL/T 1000.3
8	电压高于 1000V 架空线路用绝缘子使用导则　第 3 部分：直流系统用棒形悬式复合绝缘子	DL/T 1000.4
9	棒形悬式复合绝缘子用端部装配件技术规范	DL/T 1579
10	交、直流棒形悬式复合绝缘子用芯棒技术规范	DL/T 1580
11	聚合物绝缘子伞裙和护套用绝缘材料技术条件	DL/T 376

8.4.3　典型缺陷

棒形悬式复合绝缘子在生产制造、运输、施工安装等方面的典型缺陷见表 8-11。

表 8-11　　　　　　　　　棒形悬式复合绝缘子典型缺陷

序号	缺陷描述	原因分析	示意图	判断标准
1	端部金具热镀锌层起皮、气孔、压伤	（1）锌层太厚； （2）热镀锌时镀前处理不好		GB/T 19519—2014 中 12.5
2	硅橡胶颜色不符合图样规定或色差严重	（1）色膏与硅橡胶相溶性差，个别部位色粉聚集； （2）注射水口温度高； （3）胶道分流，注射口较多		GB/T 19519—2014 中 13.2

续表

序号	缺陷描述	原因分析	示意图	判断标准
3	削伤	（1）伞间距太密，使用的刀刃太宽，拐弯不灵活； （2）操作不熟练，片面追求削边的速度； （3）车间光线太暗，操作时看不清		GB/T 19519—2014 中 13.2
4	销位凹凸不平	销位定位装置设计不合理或操作不当，造成退销时销子没在规定位置定位		GB/T 19519—2014 中 13.2
5	伞裙变形	（1）转运、包装设计不合理，产品的伞裙长时间受到挤压； （2）产品直接堆放在一起，底层产品受压过大； （3）胶料硫化不彻底，产品欠硫，伞裙缺乏回弹性永久变形大		GB/T 19519—2014 中 13.2
6	伞裙碰损	（1）转运车装的产品太多或场地坑洼不平，装运过程中产品很容易掉落碰伤； （2）产品在装卸及施工现场转运时由于包装物损坏，伞裙受到冲撞		GB/T 19519—2014 中 13.2

8.4.4　缺陷处置

绝缘子在生产、运输、验收、安装过程中发现了典型缺陷后，应进行准确判断，合理处置。具体缺陷处置见表 8-12。

表 8-12　　　　　　　　　　棒形悬式复合绝缘子缺陷处置

缺陷描述	示意图	缺陷处置
端部金具热镀锌层起皮、气孔、压伤		面积较小，小于等于 25mm² 的可以喷锌处理使用。大于 25mm² 的换货处理
硅橡胶颜色不符合图样规定或色差严重		色差不明显的放行使用，很明显的更换
削伤		深度小于 1mm 符合标准要求可以使用，大于 1mm 的更换
销位凹凸不平		返工处理
伞裙变形		报废，更换
伞裙碰损		报废，更换

不符合验收标准的绝缘子应予以拒收，更换。有异议，可由供方提出，由第三方检验检测机构进行判定仲裁。

8.5 到 货 验 收

8.5.1 验收项目

棒形悬式复合绝缘子到货安装前的验收内容见表 8-13。

表 8-13　　　　　　　　棒形悬式复合绝缘子到货验收内容

序号	验收内容	验收标准
1	出厂合格证	（1）有无合格证； （2）合格证参数是否满足合同技术要求
2	装箱单与附件的一致性	进行查看检查
3	安装说明书	检查是否提供、是否完好
4	锁紧销	有无锁紧销，锁紧销的规格、型号是否正确
5	合同规定的内容	验收标准之外采购合同另行规定的内容的要求是否满足
6	检查外包装是否完好	检查外包装是否损坏，标识是否清晰、正确
7	核对规格、型号	检查规格、型号是否满足采购合同及标准要求
8	检查绝缘子外观	绝缘子外观应符合 DL/T 810 要求，伞裙有永久变形使相邻伞裙伞间距超过三分之一的不宜使用
9	其他验收	抽样检查绝缘子与铁塔安装金具，导线线夹等安装是否适配

8.5.2 验收标准

在检验时，应符合相应的国家及行业标准，主要验收标准见表 8-14。

表 8-14　　　　　　　棒形悬式复合绝缘子主要验收标准

项号	标准名称	标准号
1	架空线路绝缘子　标称电压高于 1000V 交流系统用悬垂和耐张复合绝缘子　定义、试验方法及验收准则	GB/T 19519
2	架空线路绝缘子　标称电压高于 1500V 直流系统用悬垂和耐张复合绝缘子　定义、试验方法及接收准则	GB/T 34937
3	绝缘子　产品包装	JB/T 9673
4	电压高于 1000V 架空线路用绝缘子使用导则　第 3 部分：交流系统用棒形悬式复合绝缘子	DL/T 1000.3
5	电压高于 1000V 架空线路用绝缘子使用导则　第 3 部分：直流系统用棒形悬式复合绝缘子	DL/T 1000.4

章后导练

基础演练

1. 复合绝缘子的定义？

2. 复合绝缘子用高温硫化硅橡胶主要由哪几种原材料制成。各种原材料在硅橡胶中主要的作用是什么？

3. 芯棒的主要组成？在复合绝缘子中主要起什么作用？

4. 复合绝缘子制造工艺流程？

5. 复合绝缘子运行过程中掉串，若芯棒从金具中抽出，在制造过程中是哪个工序造成的？

6. 线路复合绝缘子制造、检验主要使用的国家标准是什么？在国内制造、试验、验收、安装、使用过程中依据的电力行业标准是什么？

案例分享

瓷、玻璃、复合绝缘子的性能特点。

玻璃、陶瓷和有机复合材料是的高压架空输配电线路中常见的绝缘子制造用材料，它们各自有着不同的特点和适用范围，下面是它们的优缺点。

1. 玻璃绝缘子

（1）优点：

1）钢化玻璃具有较高的介电常数，使得玻璃绝缘子具有较大的主电容，成串后电压分布均匀，不容易在表面形成电晕、电弧等现象。

2）抗湿性好，可以在潮湿环境下使用。

3）高机械强度和弹性模量，可以承受较高的机械负载。

4）成本相对较低。

5）玻璃绝缘子具有零值自爆的绝缘自我淘汰能力，这样就很容易被发现，无需对其进行零值检测。

（2）缺点：

1）不耐热，不能在高温环境下长期使用。

2）易碎，受到冲击或振动等外力作用时容易破裂。

3）绝缘性能随时间的推移而降低。

4）当用于粉尘污染较严重的地区，玻璃绝缘子钟罩深棱的伞型自洁能力差、清扫不便，下表面结垢严重，造成耐污闪能力大大降低。

2. 陶瓷绝缘子

（1）优点：

1）耐高温，可在高温环境下长期使用。

2）抗冲击、抗振动性能较好。

3）绝缘性能稳定，不随时间的推移而降低。

4）耐腐蚀性能好，适用于有酸、碱、盐等化学物质存在的环境。

（2）缺点：

1）不耐磨损，容易在接触面上形成细小裂纹。

2）重量较大，安装和维护较为困难。部分绝缘子运行击穿后需要检测零值，检测及更换工作量较大。

3）成本相对较高。

3. 复合绝缘子

（1）优点：

1）重量轻，易于安装和维护。

2）抗冲击、抗振动性能好，不容易破裂。

3）复合绝缘子硅橡胶伞裙表面具有憎水性，且附着在伞裙表面的污染层也具有憎水性（即硅橡胶的憎水性迁移），这大大提高了复合绝缘子的抗污能力。从国内的使用情况来看，历次的大面积污闪事故中，合成绝缘子都表现出优异的抗污闪能力，在外绝缘水平偏低和污染较重的情况下，合成绝缘子是个较好的选择对象。

4）绝缘性能稳定，属于不可击穿型，无需检测零值，不随时间的推移而降低。绝缘子运行中不需擦洗，可大大减少线路的运行维护费用、停电损失和人工劳动强度。

5）可以根据需要设计出不同形状和规格的绝缘子。

6）制造过程简便；制造中能源消耗和污染少；交货时间短。

（2）缺点：

1）抗高温性能和耐腐蚀性能可能不如陶瓷绝缘子及玻璃绝缘子。

2）耐老化性能不如陶瓷绝缘子及玻璃绝缘子。

3）容易受到鸟类损伤，因此在一些鸟类集中区要有防鸟害措施或慎用。

典型练习题